内衣设计
实战指南

徐芳 编著

Underwear
Design

Practical Guide

化学工业出版社
·北京·

本书是作者根据现代内衣的企业工作需求，结合多年的工作实践和教学经验所编写的一部实用的设计工具书，囊括内衣工艺、设计流程、设计技法表现及面料设计以及其他方面等各类内衣设计相关知识。其中，文胸及内裤在各类内衣中一直处于主要地位，也是其它各类内衣的重要基础，在款式上文胸设计又是一门复杂的艺术，越是简单的东西，要求设计师的就越高。因此，本书根据实际情况，侧重于讲解文胸及内裤设计相关知识。并通过实例，结合手稿及Photoshop，Illustrator等多种软件综合性应用，对文胸、内裤设计进行详细讲解。

　　本书是一部实用的设计工具书，可作为从事内衣行业相关的工作人员、职业院校学生及广大服装爱好者的参考读物。

图书在版编目（CIP）数据

内衣设计/徐芳编著. —北京：化学工业出版社，2013.6（2025.2重印）
ISBN 978-7-122-17021-7

Ⅰ.①内… Ⅱ.①徐… Ⅲ.①内衣-服装设计-高等学校-教材 Ⅳ.①TS941.713

中国版本图书馆CIP数据核字（2013）第074829号

责任编辑：蔡洪伟　陈有华　　　　　　　　　装帧设计：王晓宇
责任校对：陈　静

出版发行：化学工业出版社（北京市东城区青年湖南街13号　邮政编码100011）
印　　装：涿州市般润文化传播有限公司
710mm×1000mm　1/16　印张8½　字数162千字　2025年2月北京第1版第2次印刷

购书咨询：010-64518888　　　　　　　　　售后服务：010-64518899
网　　址：http://www.cip.com.cn
凡购买本书，如有缺损质量问题，本社销售中心负责调换。

定　　价：45.00元　　　　　　　　　　　　　版权所有　违者必究

Preface
前言

　　内衣行业在中国起步较晚，在国内有三十几年的发展历史，内衣设计图书在同类工具书中非常欠缺。

　　本书的作者作为一名内衣设计师通过多年的工作与实践，以内衣设计工作为出发点，从设计前期的准备工作，到选料设计以及后期的配色产品跟进及工艺设计等工作进行详细的分析。并结合大量的实例，包括面料设计、花边设计、产品设计再到产品系列设计，对每个示例的操作步骤都进行了详细讲解与剖析，涵盖了大量的知识点。在设计技法上是多元化的表现与应用，并结合了手稿及辅助 Photoshop，Illustrator 等多种软件的共同使用。

　　本书是根据现代内衣企业工作需求，编写的一部实用的设计工具书，希望得到读者的关心和支持，并共同为内衣行业的繁荣与昌盛做贡献！

编　者

2013 年 4 月

CONTENTS

目录

第一章
设计基础知识

Chapter 01

Underwear
Design

一、内衣设计现状

内衣产业在国内发展只有三十多年的历史，在20世纪80年代初期，国内商场的内衣大多还是背心阶段，早期的内衣是实穿性为主，随着人们物质生活的不断提高对内衣的要求也越来越多了。随着改革开放国外的内衣品牌进入中国市场，国内的内衣行业也迅速发展起来。

中国是一个人口众多的大国，有三亿多适龄女性在消费内衣，内衣在中国是有很大的市场空间的。由于中国内衣行业起步比较晚，国内还没有专业的内衣设计专业，内衣设计方面的人才也比较匮乏。

目前企业的设计师团队大致有三种：第一种是内衣企业的基层工作人员，在工作中不断地学习面料和设计知识走上设计师岗位的；第二种是从事内衣纸样工作人员，通过长期对工作经验的积累及面料知识的学习逐渐走上内衣设计岗位；还有一种是高校的服装设计专业学生毕业后进入内衣行业后通过对工作经验的积累和学习成为内衣设计师的。前两种应属技师（纸样师/工艺师），由于自身文化素质及服装专业知识有限，并不能很好地演绎企业文化和理念，从而成为制约设计发展的主要因素。

目前国内市场上的大部分产品都类同，缺乏鲜明个性，主要是创新对一个成熟的品牌有一定的风险性。内衣要发展必须把产品设计作为战略性目标，对品牌设计师的要求也越来越高，这就要求内衣设计师既要懂市场，又要熟知产品结构；既要有独到的审美情趣，又熟练表达内衣手法（手绘或电脑设计）；既要掌握面料的性能，又要掌握内衣工艺及人体工学知识。总之所具备的素质越全面，驾驭的品牌发展就越具生命力及延续性。

二、女士内衣结构

女士内衣包括内裤和文胸产品，分别介绍如下。

1. 内裤的结构和分类

内裤的基本结构分为三部分，前幅、后幅和浪，浪位的裁片为里面和表料，如图1-1所示。

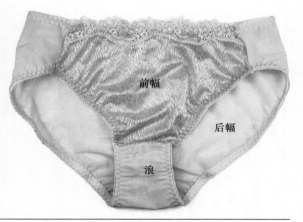

图1-1

（1）内裤按腰线的位置可分为高腰型、中腰型和低腰型

高腰型的全长在56cm以上，在肚脐围向下2cm以上的都是高腰裤。如图1-2所示的实线以上的位置都是高腰裤。

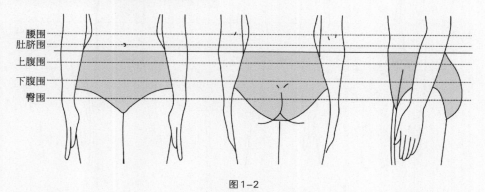

图1-2

中腰型全长为46～55cm，即肚脐围向下2.5cm至臀围线向上8cm之间的距离，图中颜色较深位置。如图1-3所示。

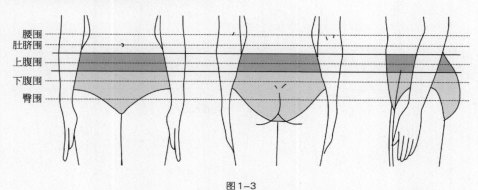

图1-3

低腰型全长在36～45cm。即臀围线向上7.5cm至臀围线向上3cm基本上是低腰裤型。如图1-4所示。

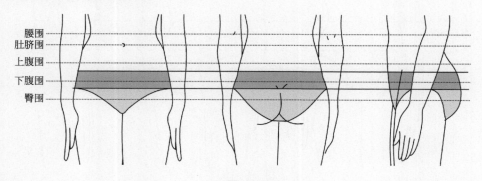

图1-4

（2）内裤按脚口的包容性可分为三脚裤、平脚裤和T裤

三角裤，如图1-5所示。

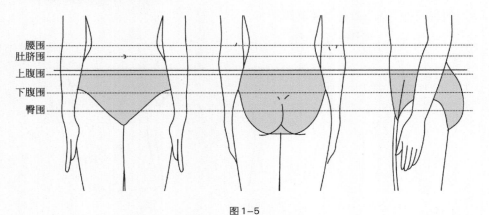

图1-5

平脚裤，如图1-6所示。

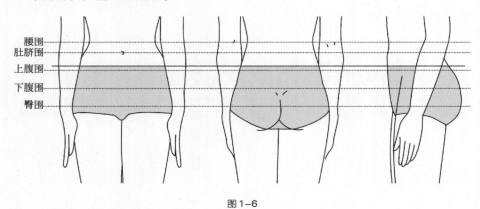

图1-6

T裤，如图1-7所示。

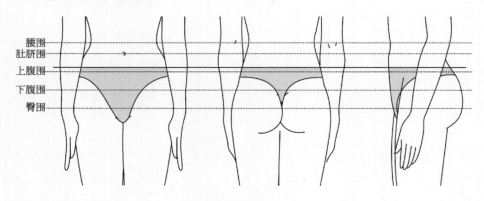

图1-7

2. 内裤的号型与规格

内裤的号型一般按照人体的腰围和臀围尺寸来确定，用数字或者字母来表示。
通常为S、M、L、XL、XXL……或者58、64、70、76、82……

内裤尺码对照表：单位cm，如图1-8所示。

尺码		腰围	臀围
64	M	60-70	85-93
70	L	66-76	90-98
76	XL	72-82	95-103
82	2XL	78-88	100-108

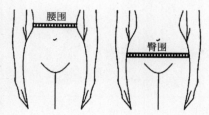

图1-8

3. 文胸的结构

（1）文胸的基本结构

文胸的基本结构由罩杯、下扒和肩带构成，如图1-9所示。

罩杯部分是承托和包容胸位的部分，包括钢圈和罩杯部分。

下扒部分包括鸡心、侧比、后比以及后背扣部分。起到支撑收纳胸下围部分的
作用；鸡心和侧比部分内衬多用无弹面料起到定型做用，使之更好地加固罩杯位
置。在国内的款式中一般鸡心顶的宽度不超过2cm。

肩带是后背与罩杯的连接带，起到提拉做用。也有很多漂亮的肩带起装饰
作用。

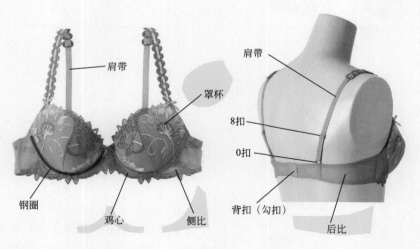

图1-9

（2）文胸的产品结构

① 文胸按罩杯产品结构的外观形状可分为1/2杯、3/4杯、全罩杯、三角杯。

图 1-10

1/2罩杯：它的肩带多为可拆卸式，通常侧比及鸡心位比较高，通常可将肩带取下，成为无肩带内衣，适合搭配露肩的衣服，但杯型的提升效果较差。如图1-10所示。

图 1-11

3/4罩杯：上胸微露，包住乳房约3/4，它强调侧压力与集中力，是集中效果最好的款式，前中心一般为低胸设计。如图1-11所示。

图 1-12

全罩杯：可包容下整个胸部，覆盖面积最大，可包容全面，能保持乳房稳定挺实。如图1-12所示。

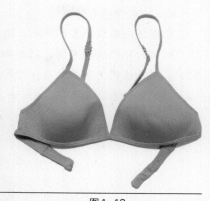

三角杯：遮盖面积为三角形的杯型叫三角杯，它覆盖面积较小，功能性较小，但美观性较好。如图1-13所示。

图1-13

② 按下捆的包容量可分为有下扒款和无下扒款。如图1-14所示。

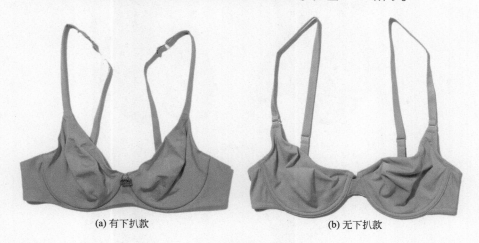

(a) 有下扒款　　　　　　　　　　　　(b) 无下扒款

图1-14

③ 按罩杯的工艺可分为薄款、夹棉和模杯，如图1-15所示。

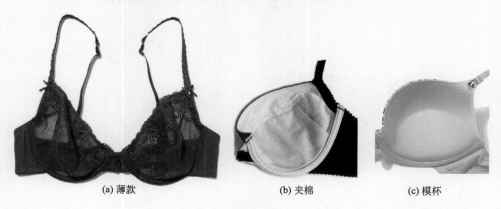

(a) 薄款　　　　　　(b) 夹棉　　　　　　(c) 模杯

图1-15

4. 功能性内衣的结构

功能性内衣是调整型内衣，通常指束裤、束衣，通过剪裁工艺利用面料的弹性特点对多余脂肪加强束缚，起到美化形体的作用。款式有连体衣、文胸、腰丰、束裤等。在功能性上可分为重压型和轻压型。

（1）连体衣，如图1-16所示。

图1-16

（2）束裤，如图1-17所示。

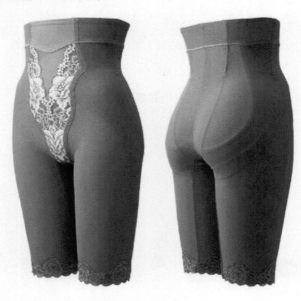

图1-17

三、人体结构与内衣号型

1. 人体结构

在内衣产品设计中，不能忽视人的因素，才能使设计发挥到最好的效果。随着人们生活水平的提高，内衣不再是避寒遮体的最基本功能了，同样在追求舒适度及美观。从人体工效学的角度出发，人们在认识内衣的同时不断根据人体的力学，以及舒适度来改造内衣。每一款内衣在设计中都是针对每一个特定人群服务的，那就需要在做内衣设计时必须了解设计产品针对的人群的人体特征。每个年龄段人体的特征都不同，例如少女阶段，其发育并不明显，在内衣设计中多为比较小的罩杯，使之更好地保护和促进胸部发育。在生育后的年龄段，内衣起到的是调整作用，除了基本功能之外，更多的是起到改善形体的作用，使其人体缺陷不显，比如使胸部更集中一些，更丰满一些。功能性内衣更加强了这些特征。例如腰丰，使腰部瘦一些；提臀裤使臀部更上翘一些。内衣可以说是人的第二皮肤，所以对内衣的合体度要求非常严格，在内衣的产品中号型也是繁多的，但他必须以人体的基本形为准则，它是依附在人体之上而形成的。对于内衣的合体度，即是内衣产品的包容性，每种款式的内衣，包容性都是不同的，例如薄款的文胸，仅对于胸部比较丰满的人群穿着的，并不适合胸部较小的人群。

2. 内衣号型

文胸是以A、B、C、D杯等来分类罩杯大小的，有70、75、80、85……是指适用人体下胸围的尺寸，与罩杯组合为70A、75A、80A、85A……70B、75B、80B、85B……依次类推。尺码中的32、34、36、38是英寸制，它等同于70、75、80、85。

文胸的罩杯尺码是按照人体下胸围和下胸围的差值来划分的。上胸围和下胸围尺寸相差10cm是A杯，相差12.5cm是B杯，相差15cm是C杯，相差17.5cm是D杯，依次类推E、F……每增加2.5cm增大一个杯型。

文胸尺码计算：上胸围为85cm，下胸围75cm，上下胸围差值是10cm为A杯，下胸围为75cm，那么测量尺码就是75A了。

内裤的尺码是以6cm来划分一个尺码的，尺码中64、70、76、82是相当于适用人群的穿着者的腰围规格，有些产品直接这样标注，它等同于产品中的S、M、L、XL……

四、内衣材料的特点与性能分析

内衣的材料相当复杂，以一件普通文胸为例。在一般情况下，它所需主面料有：花边（蕾丝）、网眼和有光拉架布、无纺布或者模杯、全棉针织或细布、定型纱、肩带、0扣8扣或9扣、丈根、钢圈、背钩、捆条（捆碗捆条、捆侧比捆条）、胶骨、装饰花仔……缝线等十几种以上的材料。然后再考虑各种物料的搭配与组合度，接着计算出每种材料的单件用量，进行样品操作。物料的采购渠道往往涉及国内外许多国家和地区，不仅要考虑到物料的外观及性能，还要考虑到采购的成本、研发及生产周期。下面对内衣的主面料进行介绍如下。

1. 花边

花边又称抽纱、蕾丝，是指有花纹图案的、用于装饰的带状织物，实际上也是一种装饰带，属于抽纱产品。内衣常用花边可以分为两大类，一类是经编花边，另一类是刺绣花边。

2. 普通滑面

普通滑面的特点是单向弹力，有一定的收束功能，由于织物组织的不同，滑面拉架有4列拉架、6列拉架和10列拉架等。氨纶含量一般在10%～35%，氨纶含量越多收束效果越强，价格也会相应增加。这种材料的克重一般在180～200克/米。常用的滑面拉架的成分均为锦纶和氨纶成分。

3. 含棉滑面

含棉滑面是在经编组织的下层衬垫棉纱，使之在穿着时减少化学纤维对皮肤的刺激，增强舒适性，面料手感相对偏硬。一般含棉的比例为15%～25%，所用的棉纱，基本上都是高支纱，并且是股线，棉在染色中上色率较差，达不到与化纤同色的效果，常用的褐色和浅粉都有此现象，深色尤为明显。由于采用棉纱和化纤共同制造，生产难度比较大，目前只有日本和韩国生产技术比较成熟。

4. 独边滑面

以其穿着舒适、无痕的特点，近年来得到广泛的应用，其独边部位在生产时，不用缝制，所以又称为无缝面料。独边部分一般为防止卷边会加有加强氨纶丝，其宽度一般为4～6cm，也可根据设计要求而定。独边的效果在普通的滑面拉架、提花滑面拉架、镜面拉架以及提花网眼等品种上都能体现，但都需要特有的机台。

独边可做成单独边，也可做成双独边，一般双独边的价格要比单独边的价格稍高。

5. 镜面滑面拉架

织造方法不同于普通的滑面拉架，布面平滑，光泽度好，视觉效果华丽，穿着舒适度上也较普通的滑面要好。价格相对于滑面拉架要高一些。其提花后成为提花镜面拉架，同样价格会有较大的增加。

6. 软滑面

软滑面具有双向弹力效果，穿着柔软舒适，因其穿着的舒适性好，所以应用数量越来越多。特点是轻、薄、柔，透气性好，穿着舒适。其价格相对于传统的软滑面要高一些。

7. 亮滑面

表面光泽度非常好，单向弹力，氨纶含量比较小，一般在5%～10%，与纬编面料类似。其克重范围比较大，由于工艺浮线的设计特点使其极易勾丝产生刮痕，在生产的各个环节都要特别注意，其价格相对比较低，外单中应用相对多一些。

8. 弹力网眼

弹力网眼一般应用于束裤、腰封的内贴和文胸的拉架部位，其特点是收束力好，透气性好，氨纶含量一般在13%～15%，克重一般在180～200g/m，另外，也有加强加密型的网眼，氨纶含量可达30%以上。

9. 弹力网纱

弹力网纱的应用量在逐年增加，其特点是薄透，轻柔，透气性好，氨纶含量在20%以上可以单独做拉架，而氨纶含量在20%以下的则做三角裤或采用双层做拉架。

10. 经编

单面经编的特点是轻薄柔软、滑爽，光泽度好，其成分含量有纯涤纶和纯锦纶两种，适合做文胸和衬裙。

11. 双面经编

双面经编，一般克重要大一些。主要为涤纶成分，用于模杯文胸的表布。价格低、牢度好，是低价位模杯款的可选面料。

12. 氨纶棉

棉质效果好、弹力适中，在内衣中用量越来越大。经向、纬向的缩水率均在5%，多用于模杯文胸的表布、内裤、家居内衣等。

13. 锦（涤）氨汗布

锦（涤）氨汗布也属于纬编面料，目前均采用超细纤维纺织，所以其面料手感柔软，弹性好。但它存在的不足之一是布幅的中间有一道从头至尾无法消除的印痕，并且面料的回缩性大，尺寸不稳定。因此在拉布前要松弛放布48小时，拉布时需要偏松一些。若做裁片比较大的产品时，需对面料进行测试，提供回缩的数据，根据面料情况进行适当的调整（放码）。另外，由于面料的回缩会造成可用量的减小，在核算单耗时或者在定料时要加大损耗，在定料时需增加3%的损耗。多用于做少女文胸的表布、内裤、吊带、睡衣等。

14. 摇粒绒

摇粒绒的工艺过程：它一般为纯涤纶或涤黏混纺成分。按工艺方法不同，摇粒绒可分为单刷单摇、双刷单摇和双刷双摇。按其用纱来分有超细摇粒绒和普通摇粒绒。另外，它还可分为短纤摇粒绒和长纤摇粒绒。按其织造方法可分为普通摇粒绒和提花摇粒绒。可根据厚薄的不同特点做秋冬季节的睡衣等。

五、内衣设计流程与产品架构

1. 内衣产品定位与设计基本要求

构成内衣的种类有文胸、内裤、睡衣、睡裙，家居服等。随着现代人们对服装内衣的需求也越来越广泛，一些内衣专卖店的产品也逐渐细分，随之产品也开始多元化。传统内衣店中的产品中不再仅仅是原来的文胸、内裤产品了，还包含了泳衣、家居服、保暖衣、打底衫等与原有内衣配套的饰品等等相关联产品，例如内衣店里会出现与保暖衣面料相同的拖鞋产品。产品趋于多元化的同时，企业对于内衣设计人员的需求也越来越多，涉及的产品面越广，分工也随之越细化。在人员的配备上可以分为文胸设计、睡衣设计、家居设计、内裤设计等，总之是为了更好地为品牌与消费者服务。

内衣是人体的第二层皮肤，内衣企业的设计、生产的最终目的是为市场提供产品，要做到人体在运动时的不变形、不脱落、透气性好，设计师不仅要考虑人体力学、工学的各种知识，还要考虑到内衣面辅料性能与人体的吻合度。

舒适是人们对内衣的基本要求。内衣面料要具有良好的舒适性能和触感，内衣产品穿着要活动自如。在满足基本要求的同时也要满足人们的审美情趣。如色彩选择与搭配、款式造型、设计风格、制作工艺等。

内衣产品定位可分为几步，从消费者定位，到产品定位，再到设计风格定位，以及销售渠道与价格定位。

消费者定位，就是所设计产品的目标消费层。产品定位就是所设计的产品的风格。设计定位是指针对我们设计产品的目标消费层和产品风格对于产品的引向，也就是在设计中不能偏离产品定位和目标人群。渠道和价格定位是指产品所在的销售渠道（例如专卖、商场连锁等销售模式）和产品的价格。

2.　内衣产品架构

内衣开发分两个季度：春夏和秋冬。春夏开发产品月份是2～7月；秋冬开发产品月份是8月～下一年度的1月。具体要根据每个月份的特点来设计产品（如面料、颜色、款式特点、系列化产品……）。

内衣产品整个开发流程细分如下。

（1）市场调查、市场流行，各品牌风格趋势与竞争，了解人体消费需求

① 分析以往上市产品的优/缺点，总结市场调查反馈信息（营销部门配合）。

② 对杯型分析，统计杯型销售量（营销部门配合）。

③ 针对好的品牌进店调查，购买好的杯型，一个季度计划开发2～3个新杯。

（2）季度流行趋势分析

① 国内一般都会参加的展会如下。

春夏：每年3月底香港内衣展（由巴黎提供的流行趋势分析）；每年5月中旬深圳内衣展（主要是招商、面辅料展及国内内衣品牌趋势展）。

秋冬：10月中旬上海内衣展（由巴黎提供的流行趋势分析）。

② 流行趋势分析。根据展会上该季度的几大主题，流行颜色、元素、面料，结合自身品牌的特征制定本季度开发主题方向。

③ 新面辅料收集，一般供应商会根据巴黎展会和自身优势，根据市场高中低品牌做很多系列的产品，相互结合，挑选面辅料。

（3）产品开发架构确定

情绪板设计主题及设计引向构思和产品开发架构基本同步进行。接着确定本季度流行色及主推款式的色彩。

① 情绪板：是设计主题及灵感来源并结合流行色彩、流行元素等设计手法然后在此基础上组合产品，然后再根据产品定位做出产品的基本架构。

② 产品架构：本季开发产品的比例和产品特点，内衣公司做的都比较详细。例如这一季一共要开发六个系列，有一个系列是作为形象款来推广产品的，三个系列是主推款，另外两个系列是走量款。通常内衣企业的形象款并不多，只占一小部分，或者是形象款在系列里仅一两个款是作为形象款来推广的，顾名思义，是代表公司形象来推广产品的。主推款是企业的主打产品，在整个产品的架构中非常重要。走量款是整盘货中销量最好的款式，一般这类产品基础内衣较多。接着再初步定位产品的价格，一般形象款在整盘货中售价较高，走量款价格比较低。

③ 产品架构：款式配比是针对本季开发的整盘货所有的款式进行系列化的款式分配。例如本季的研发文胸24款，内裤20款，睡衣4款。将这些基础形状的杯型及裤型结合市场营销数据分配到产品的各个系列中去。

④ 色彩设计：大部分品牌公司都根据发布的流行颜色整理分析，根据自身品牌的代表颜色，根据季节的特点等资料分析整合并延续上一季或几季售卖中的畅销

色（包括同类竞争品牌），做出色板，在产品开发中按照计划的色系操作，可完善但不可偏离。

3. 内衣设计流程

（1）系列设计

① 设计师设计款式图板单。一般都采用电脑绘图，使用的软件有Adobe Illustrator、Adobe Photoshop、CorelDRAW，但具体要根据个人习惯而定。

设计板单要体现：面料、颜色、工艺说明。

② 下发板单给纸样师做纸样。

在板单上要写清楚各部分的工艺要求，如果有特殊的宽度尺寸都要写清楚，纸样师是看图做纸样。

③ 做出板单后配料、染色。

设计助理根据板单内容配齐面、辅料，提供要求色板发向染厂染色。

④ 车缝做出款式。

（2）新开发产品初样系列筛选、修正

根据做出产品调整系列感、版型、颜色等补充完善。

（3）确定款式

① 根据前期计划确定相应的系列。有一些款式会做内部调整。

② 设计师做好产品说明书，然后由其他部门配合出产品成本单价。

③ 部分公司是自营内部操作的就内部做订货会，以代理和招商为主的公司就邀请代理商来开订货会。

④ 设计师展示说明，也有公司要做走秀展示和静态展示。

⑤ 款式确定后与相关部门确定生产架构、大货货号、价格、上市档期、颜色、数量等。

⑥ 开发架构确定，各部门时间确定。

（4）根据架构时间表进行工作

① 资料转交给采购，包括新开发供应商、报价单、材料卡、色卡等。

② 纸样师调整版型，所有的内衣产品必须全码试穿。

③ 确认色样，色样确认后确认生产的大货颜色。

（5）宣传推广

① 拍画册，由企划选好广告公司。根据产品制订方案，挑选模特。齐色齐款根据模特的尺码做拍照样。

② 企划将产品上传后台供客户订货并需要设计师配合做商品说明。

第二章
设计技法表现

Chapter 02

Underwear Design

一、设计基本软件介绍

目前用来做内衣的常用的平面设计软件有CorelDRAW、Illustrator、Photoshop。就是通常我们所说的CD、AI、PS；快捷方式图标分别为  、 、 。

CorelDRAW和Illustrator是矢量设计软件，可以随意放大、缩小而清晰度不变。矢量图最大的优点是放大到任何程度都能保持清晰。我们在应用中主要用来做设计线稿及工艺图。图2-1为线稿，图2-2为工艺图。

图2-1

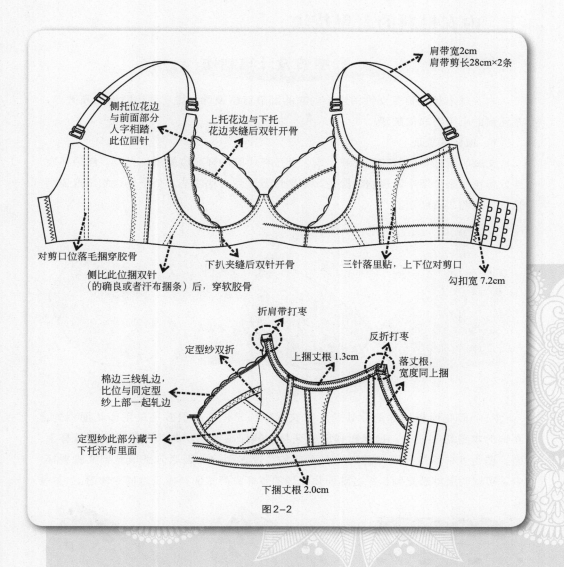

肩带宽2cm
肩带剪长28cm×2条

侧托位花边
与前面部分
人字相踏，
此位回针

上托花边与下托
花边夹缝后双针开骨

对剪口位落毛捆穿胶骨

下扒夹缝后双针开骨

三针落里贴，上下位对剪口

侧比此位捆双针
（的确良或者汗布捆条）后，穿软胶骨

勾扣宽 7.2cm

折肩带打枣

定型纱双折

反折打枣

棉边三线轧边，
比位与同定型
纱上部一起轧边

上捆丈根 1.3cm

落丈根，
宽度同上捆

定型纱此部分藏于
下托汗布里面

下捆丈根 2.0cm

图2-2

　　Photoshop的优点是丰富的色彩及超强的功能，缺点是文件过大，放大后清晰度会降低，我们通常应用于配色与设计效果图制作。

　　我们在设计制图中通常需要是多种软件的配合应用达到我们所要的表现效果。CD与AI我们通常在实际操作中按设计师的习惯只应用一种软件。在设计的表现技法上我们有时是手绘勾勒的线图扫描后PS做调色处理做效果图，也会是通过AI或者CD做线稿再转成PSD或者JPG格式然后再PS进行效果图处理。

二、内衣材料的表现技法

细节设计与制作

　　内衣越来越被更多女性关注，内衣的细节点缀设计，更展现出时尚的新亮点，在元素的应用中非常重要。

　　1. 罩杯的表现

　　文胸的罩杯可以以球面化来表现，处于杯中间的杯高位就是高光位，然后杯底部分颜色在整个罩中是最暗的颜色，钢圈位置颜色会稍浅些，处于杯边的位置要稍暗些，如图2-3所示。

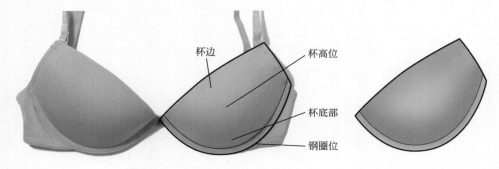

杯边　　　　杯高位

杯底部

钢圈位

图2-3

　　（1）印花面料的球面化处理。内衣罩杯的光杯产品很多是采用印花面料的，面料的本身是平面的，是通过模压工艺将面料压成有形状的模布再车缝到罩杯上面。图2-4中就是分别将面料平面填充和经过球面化处理后分别填充到文胸罩杯中。可以明显地感觉到，经过球面化处理的罩杯会产生面料模压过的立体感。

图2-4

　　（2）PS效果图中的球面处理。通过箭头数量的大小改变球面的立体感，如图2-5所示。

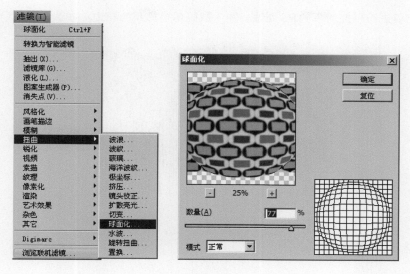

图 2-5

（3）罩杯处理。用 PS 工具中栏中的减淡工具 🔍 做出罩杯的高光部分；再用加深工具 👝 将罩杯边缘部分做变暗处理，这样的罩杯立体感就特别明显了。如图 2-6 所示。

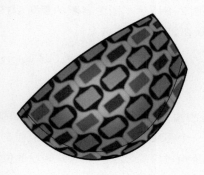

图 2-6

2. 花边的处理

（1）花边

蕾丝是内衣最常用的物料，精美细腻，非常女性化，镂空是花纹的表现重点，需要在构图中细致地勾勒出花形及纹样，才能表现出花边的品质。通常在设计中是在现有的供应商中选择所需要的面料，然后对面料扫描进行配色及效果图制作。

（2）花边连续性的处理

① 数码相机或者扫描仪扫描的挂卡（供应商提供）都是面料小样，在作图中由于是小部分面料，往往是不够用的，我们要保证作图部分所取花边的完整性，那

么就需要进行一些简单的 PS 处理。图中数码相机拍照的花边。如图 2-7 所示。

图 2-7

② 在 PS 的工具栏中用 ▣ 选择工具，选中上图中不少于一个的连续花型进行裁剪（可以将不需要的部分用选择工具选中，然后 Delete 键删除），接着用 魔棒工具选中花边波边上部分比较脏的颜色，然后删除掉。选中魔棒，在 PS 的界面最上方会有属性栏。如设置图 2-8 所示（图中容差的量可以按照我们的实际需要适当地改变大小，常用的一般在 20 ~ 30 左右）。

图 2-8

③ 接着将处理干净的图片复制，称动花型，放置到相对应的位置上，也可以用选择工具选中再复制一个图层放置到原来的图片上面，然后在工具栏中选择 ⊹ 移动工具然后拖动花边至相对应的位置。接缝处明显的位置可用 ✐ 橡皮擦工具擦除。如图 2-9 所示。

图 2-9

④ 为了使图片看起来柔和一些，在橡皮擦的选择时选比较虚的笔刷，在操作界面单击鼠标右键，在弹出的对话框中选择笔刷形状，然后通过键盘中的"[" "]"两个键来改变笔刷的大小。如图2-10所示。

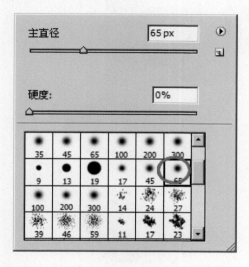

图2-10

（3）技法

在花型的对位时，可以将图层中的新建图层的模式改为正片叠底，这样再移动花边时更容易对位一些，对齐后再把图片的模式改为正常，然后用橡皮擦擦除中间的接缝线后再与下面的图层合并到一起。如图2-11所示。

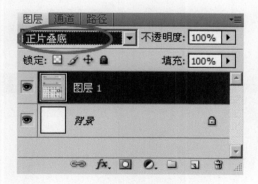

图2-11

3．通透感薄纱的表现技法

纱、网眼、通透的蕾丝是内衣常用的物料。这类面料的特点是通透感强，我们要在效果图中表现出物料层次感的搭配，清楚地表现出款式特点及效果。如图2-12所示的吊带裙罩杯边、裙身部分及裤子腰头位置都是通透感较强的面料。

图2-12

这种对于面料的表现方式可以在图层的属性栏中通过改变色彩的透明度来表现出通透的效果,如图2-13所示。

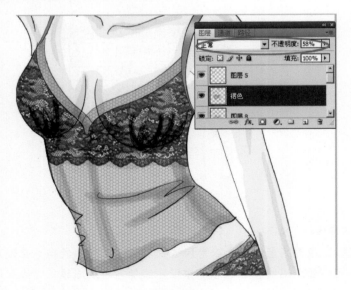

图2-13

也可以通过改变属性栏中的图片模式做出通透的效果，将裙的图片属性改为"正片叠底"。透明度可以根据面料特点和设计效果来改变它，注意和前者之间的区别，这种效果处理后透皮肤色会更明显一些，在透明度相同，裙颜色层下面图层层还有底色的情况下，这种效果裙身的颜色会比刚才的处理方式稍深一些。要注意这些细微的变化。如图2-14所示。

图2-14

4. 褶皱效果的处理

褶皱是内衣款式中常见的设计方式，它的最大特点是有凹凸不平的纹路，是通过明暗关系表现的，首先是铺上面料的基本色，然后再勾勒出线条的纹路及颜色，要注意纹路颜色的线条要自然，不能勾画得太死板，反光的位置最好用白色，可以适当地调整画笔透明度（可以是画笔的透明度，也可以是图层的透明度）来表现高光效果。如图2-15所示。

图2-15

三、网孔面料制作

六角网眼面料，如图2-16所示。

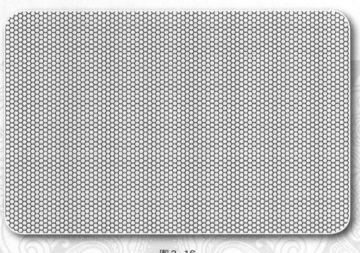

图2-16

网眼是内衣的常用物料，它的特点是网孔型，通透感强，透气性能好。一般在内衣设计中把这类常用的基础性面料定义为图案，使之更方便地应用到款式设计中。

六角网眼面料的具体制作方法如下。

1.在PS中新建一个文档，如图2-17所示设置。分辨率可以根据自己电脑的配置自行设置，一般常用在200以上，以显示器为参照一般大于150以上的显示器上都是比较清楚的。

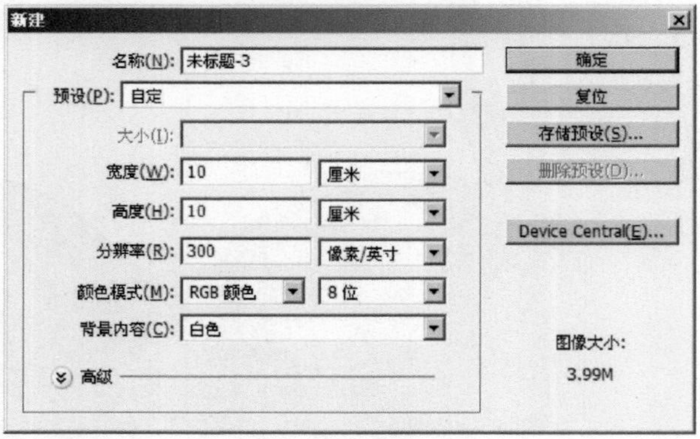

图2-17

2.在工具栏中选择 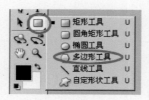 矩形工具，然后在对话框中选择多边形工具。如图 2-18 所示。

图 2-18

然后在上方的属性栏中将多边形边的边数改为 6，式样按图 2-19 所示设置。

图 2-19

3.然后在操作界面上画一个正六边形并调正位置，如图 2-20 所示。

图 2-20

在工具栏中选择移动工具 ，按住键盘中的 Alt 键，拖动上图中的正六边形至图 2-21 所示位置，注意要对齐边线。

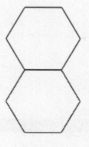

图 2-21

然后重复上面的操作步骤，并对齐边线位置，如图 2-22 所示。

选择柜形框选工具◻，如图2-23所示操作选中一个循环。

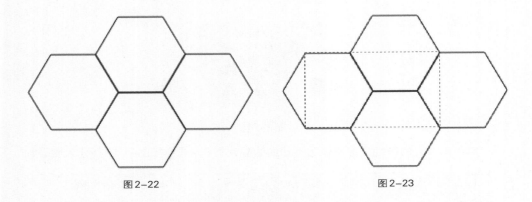

图2-22   图2-23

　　然后将这部分线图定义为图案，在菜单栏中选择编辑/定义图案，如图2-24所示。然后在弹出的对话框中单击确定按钮。

编辑(E)	图像(I)	图层(L)	选择(S)
还原(O)			Ctrl+Z
前进一步(W)			Shift+Ctrl+Z
后退一步(K)			Alt+Ctrl+Z
渐隐(D)...			Shift+Ctrl+F
剪切(T)			Ctrl+X
拷贝(C)			Ctrl+C
合并拷贝(Y)			Shift+Ctrl+C
粘贴(P)			Ctrl+V
贴入(I)			Shift+Ctrl+V
清除(E)			
拼写检查(H)...			
查找和替换文本(X)...			
填充(L)...			Shift+F5
描边(S)...			
内容识别比例			Alt+Shift+Ctrl+C
自由变换(F)			Ctrl+T
变换			▶
自动对齐图层...			
自动混合图层...			
定义画笔预设(B)...			
定义图案...			
定义自定形状...			
清理(R)			▶

图2-24

4.接着选择填充工具 ，然后在界面上方的属性栏中将填充的模式改为图案，然后在旁边的列表中选择刚刚设定好的图案，如图2-25所示设置。

图2-25

然后在空白处单击鼠标左键，就可以做图案的填充了。如图2-26所示。

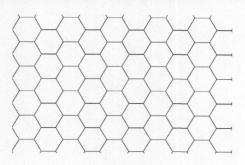

图2-26

注意：上面形成的图案是有白色背景色的，在第3步自定义图案的操作时，将背景图层关掉，可以形成仅有线图的图案。如图2-27所示设置。

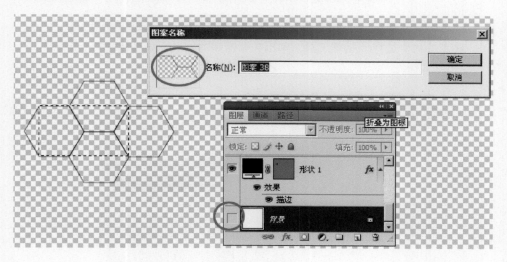

图2-27

用同样的方法可以制作内衣各类网眼，网孔大小和网孔形状可以根据设计需求做调整。网格的线图也可以用CD或AI来做。多种软件的综合使用也会提高我们的工作效率。

四、刺绣花边设计

刺绣花边的立体感强，比较容易操作，也是内衣设计中常用的素材。刺绣花边所展现的形式有网布花、波边、朵花、单波花等方式。

刺绣花边的绘制方法如下。

1.打开图形的线稿（也可以是手稿，或者AI、CD做的线稿），图2-28是手稿。

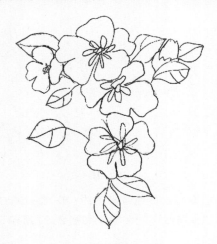

图2-28

在工具栏中选择钢笔工具，勾出花型图案的路径。如图2-29所示。

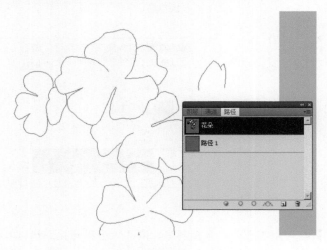

图2-29

接着分别新建路径（花朵、叶、花心、花蕊部分分别各建一个单独的路径）。如图2-30所示。

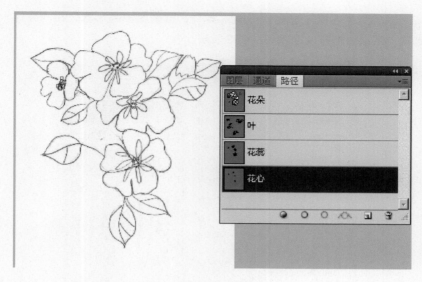

图2-30

　　2.回到图层界面，分别将花朵、叶、花蕊、花心各新建图层（图层为不同色，便于以后调色）。如图2-31所示。然后在手稿下面建一个白色的图层作为背景色。最后关掉手稿图层。

　　3.笔刷制作

　　（1）选择任意一个空白图层，可以是花，也可以是叶的图层。选择画笔工具，在界面的空白处画一些不规则的线，如图2-32所示。

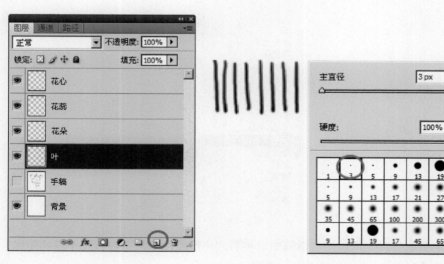

图2-31　　　　　　　　　　　　　　　图2-32

（2）关掉背景图层，选择矩形框工具 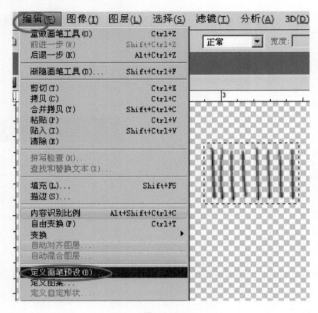，框选图中的形状，在"编辑"菜单栏中选择"定义画笔预设"。如图2-33所示。

图2-33

在窗口菜单栏中打开画笔，如图2-34所示。

图2-34

（3）接着在画笔预设的对话框中对笔刷大小行进修改，可以打开手稿的图层，参考一下画笔笔刷的大小。如图2-35所示。

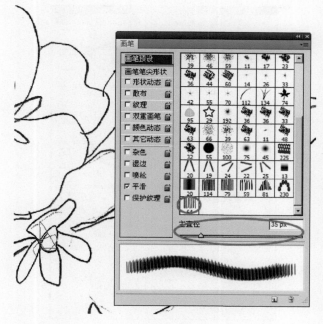

图2-35

接着调整画笔笔尖形状，设置画笔间距。如图2-36所示。

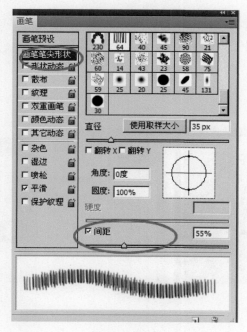

图2-36

在画笔的形状动态中将角度抖动改为方向。如图2-37所示。

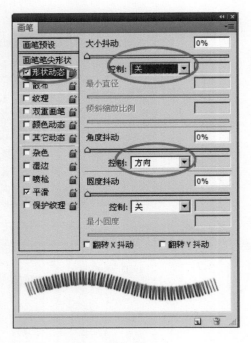

图2-37

4.花边颜色处理

（1）选取花边色：双击工具栏中的前景色，在弹出的对话框中选择花朵的颜色，然后在图层中选中花色的图层，如图2-38所示。

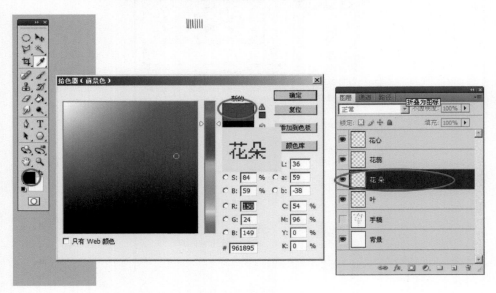

图2-38

（2）描花朵色：切换到路径状态下，鼠标右键单击花朵的路径，在弹出的对话框中选择"描边路径"，接着在新弹出的对话框中选择画笔。如图2-39所示。

图2-39

（3）移动路径至花朵高光部分：在工具栏中选择 工具，通过键盘中的上下左右键移动路径。图2-40中左右分别是移动路径前后的对比，注意路径在移动前后位置的变化。

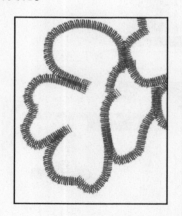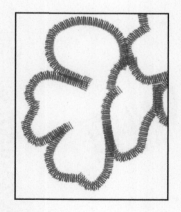

图2-40

（4）花朵高光的处理：在工具栏中选择 减淡工具，在操作界面的空白处单击鼠标右键，在弹出的对话框中将笔刷调节成比较模糊的式样，然后通过改变主直径的大小改变笔刷大小（或将鼠标移至花型上，通过键盘中的"["「]"键改变笔刷大小）。如图2-41所示。

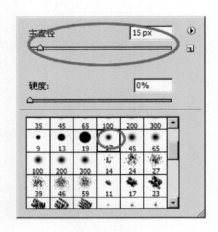

图2-41

在操作界面上方如图2-42中设置减淡工具的属性，笔刷大小，曝光度都可以按照我设计要求去改变数值（这些可以多做几次，看哪个更适合）。

图2-42

鼠标右键单击花朵的路径，在弹出的对话框中选择"描边路径"，接着在新弹出的对话框中选择减淡。如图2-43所示。

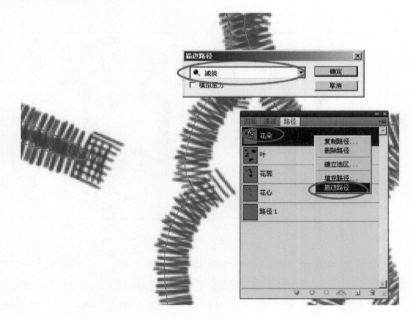

图2-43

（5）花朵较暗部分的处理：重复第（3）步移动路径操作，移至花朵的相对较暗部分。鼠标左键选择 工具，在工具上点击鼠标左键切换到加深工具。如图2-44所示。

图2-44

接着重复第（4）、（5）步的操作方法，不同的是工具是加深工具。加深工具上方属性栏的数值设置，如图2-45所示。

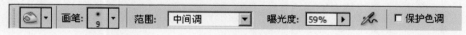

图2-45

花朵减淡和变暗后的刺绣立体效果就呈现出来了。如图2-46所示。

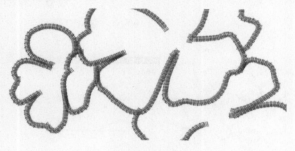

图2-46

用同样方法分别在各图层和各个路径下做出其他颜色配色。如图2-47所示。

图2-47

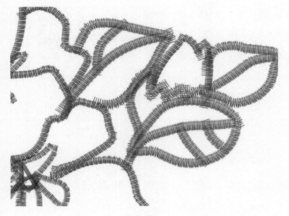

图2-48

局部放大，如图2-48所示。

也可以通过色彩的明度、饱和度来改变各个图层中花边的配色。如图2-49所示。

5.连续花形的制作

复制图层：在图层中选择花形的所有图层，然后将鼠标移至操作界面中，按住键盘上的Alt键拖动图层复制到操作界面中，放置到相对应的位置。如图2-50所示。

图2-49

图2-50

为了对齐花形可以在菜单栏"视图"中，选择"标尺"，然后选择 移动工具，从界面上方拉出水平线以参考对齐花形用。如图2-51所示。

图2-51

在不做修改的情况下可以合并所有的花及叶子到一个图层上，并删除线稿图。

6. 花边底网制作

可以将扫描的或者模版中的底做为花边的底网，也可以参考前一部分面料制作的底网将这部分底网放入花边图层下。

在花边图层下新建一个图层，作为底网的图层，然后将图案填充进去，网孔的疏密可以根据需求来调整。如图2-52所示。

图2-52

接着选择花边图层，在工具栏中选择□选区工具，如图2-53所示设置。

图2-53

图2-54

然后选择底网的图层，按键盘中的Delete键将选择的上面部分删除。如图2-54所示。

底网及刺绣颜色可以按设计需求修改。图2-55、图2-56分别是修改过底网和刺绣颜色后的效果，我们在做设计时经常需要多配一些颜色以便挑选花边。

图2-55

图2-56

第三章
内衣常用工艺与
工艺表现技法

Chapter 03

Underwear
Design

设计师在设计产品之前必须了解内衣工艺制作及内衣物料性质的基本素质，包括内衣的哪些部件需要哪些车缝车种，面料的哪些特点需要哪类的工艺来支撑解决。这些信息资料提交技术部，技术部门会根据设计的要求再来完成产品制作，这个步骤包括会提供一些参考工艺样品等及附加的工艺说明。工艺图在这个步骤上必不可少，这就需要设计师必须了解内衣所有针车的性能与针车工艺。

一、针车介绍与内衣线迹说明

1. 内衣针车介绍

（1）单针

线迹：- - - - - - - - - - - - - - - - - -

用途：用于走线、夹缝、走纱、定位、上碗、笠碗、压线等工艺。

工艺说明：正常夹缝、上碗、压面线的针数是21mm/10针，走线、走纱、笠碗的针数一般较稀42mm/10针。

参考工艺：单针压线工艺，如图3-1所示。

图3-1

（2）双针

线迹：= = = = = = = = = = = = = = = = = =

用途：一般用于开骨、捆骨等，如开碗骨、捆碗骨、捆比、捆碗、捆碗前幅、捆鸡心上端等工序。

工艺说明：它正常情况下的针数是21mm/10针，两条线迹之间的宽度随不同的工艺要求而定，一般常用的双针宽度有3.2mm、4.8mm、6.4mm、7.2mm、9mm、10mm。3.2mm的针距一般用于捆前幅边，捆碗边，捆鸡心顶，捆鸡心下（倒捆碗的款式），也有用开文胸的碗骨（不入钢圈的款）。4.8mm的针距用的比较多，最常用的是捆文胸的碗（用于穿钢圈），开碗骨，也用于驳比（对于不入胶骨，或者是胶骨比较细的款式）。6.4mm的针距一般用于捆比，用于入胶骨，或者用于入较细的鱼鳞骨。7.2mm、9mm、10mm最常用的是功能性内衣，是指比较重型腰丰、束衣、束裤等的捆骨位，用于入鱼鳞骨或胶骨。

参考工艺：捆碗与捆比的工艺，如图3-2所示。

图3-2

正捆与倒捆的工艺区别在于正捆的捆碗线是在下扒上；倒捆工艺的捆碗线是在罩杯上的。肤色的捆碗工艺为倒捆，黑色的为正捆，如图3-3所示。

图3-3

（3）人字

线迹：〰〰〰〰〰

用途：用于落、襟丈根，如文胸的落下捆丈根、襟下捆丈根、落上捆丈根、襟上捆丈根、落后比肩带、襟前幅、落花边、钉肩带、锁勾扣等工艺；三角裤，束裤及一些功能性内衣等，如落腰头丈根、襟腰头丈根、落脚口丈根、襟脚口丈根及文胸、裤类产品的包边工艺等。

工艺说明：人字车最常用的针数是13mm/5牙，用于襟、落丈根，襟前幅，落后比带等工艺；再是8mm/5牙，用于钉肩带，锁丈根，锁勾扣等工艺。针距一般为3mm，也有2mm、4mm的随设计要求而定。

参考工艺：

人字落丈根，如图3-4所示。

图3-4

人字包边，如图3-5所示。

图3-5

人字踏花边：花边与面料相踏的位置常用这个工艺，如图3-6所示。

图3-6

（4）三针

线迹：∨∨∨∨∨∨∨∨∨∨∨∨

用途：用于文胸的夹棉、襟前幅；落上、下捆丈根；落三角裤的腰头、脚口丈根，踏落花边及束身类开骨等工艺。

工艺说明：针数为25mm/5牙，或28mm/5牙。针距正常情况下为5mm、8mm，也有4mm，随设计要求而定，常见的文胸的针距多为8mm。

参考工艺：

三针夹棉是夹棉款文胸中最常见的工艺，如图3-7所示。

图3-7

裤子腰头的工艺为三针落丈根，如图3-8所示。

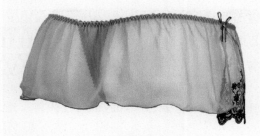

图3-8

（5）轧骨

线迹：有三线轧骨和四线轧骨之分。

① 三线轧骨：〰〰〰〰〰〰〰〰〰〰

② 四线轧骨：〰〰〰〰〰〰〰〰〰〰

三线轧骨用途：用于文胸轧棉边。

三线轧骨工艺说明：针数为17mm/10针，或20mm/10针。针距为3mm。

参考工艺：三线轧骨，如图3-9所示。

图3-9

四线轧骨用途：用于裤仔类较多，轧侧骨，轧浪位等工艺。

四线轧骨工艺说明：针数为17mm/10针，或20mm/10针。针距为5mm。

参考工艺：三线轧骨，如图3-10所示。

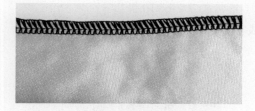

图3-10

（6）坎车

线迹：一般用于泳衣，功能性内衣，男装裤较多。泳衣、男装裤一般是包轧后再用坎车压线，有三线和四线之分。

① 三线坎车：正面与双针线相同

② 四线坎车：正面线迹

三线坎车用途：用于束裤，束衣相踏位的压线；文胸，以及裤类产品的包边等工艺；去掉正面中线，用于男装、泳衣的包轧位的第二道压线及花边裤的腰头、脚口。

三线坎车工艺说明：针数为17mm/10针，或20mm/10针。针距为3mm。

参考工艺：坎车包边，如图3-11所示。

图3-11

正面与反面线迹，如图3-12所示。

图3-12

四线坎车用途：四线坎车多用于男装裤，压浪位，坎腰头，坎脚口等工艺。

四线坎车工艺说明：

线迹呈 ＝＝＝＝＝＝＝＝＝＝＝＝＝＝＝＝＝＝ 或 ＝ ＝ ＝ ＝ ＝ ＝ ＝ ＝ ＝ ＝ ＝ ＝ ＝ ＝

针数为17mm/10针，或20mm/10针。针距为5mm。

参考工艺：四线坎车压线，如图3-13所示。

图3-13

（7）打枣车

线迹： WWWWWWWWWWWW

用途：打枣位置，常见的为入钢圈位捆条的两端，功能性内衣的捆骨位捆条未端。文胸入肩带位，裤仔丈根相接位置。

工艺说明：宽度针数按设计工艺需求而定，常见的入钢圈位及裤仔丈根位置，宽度为1cm，文胸入肩带位枣线长度同肩带宽度。

参考工艺：捆碗位打枣与肩带定位的打枣，如图3-14所示。

图3-14

（8）钉花车

用于文胸，三角裤，束衣之类产品钉花仔；也有用于文胸碗杯位花边的定位。如图3-15所示。

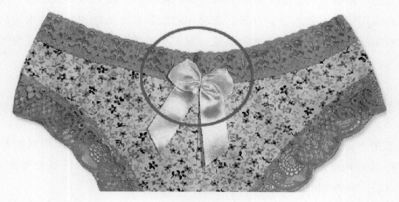

图3-15

对于人字、三针、坎车线，要保证线迹有适量的拉伸度。有落丈根的款式，要保证有丈根位置随丈根拉伸后不断线，还有一些单针定位的线迹要在内衣成品后拉断单针定位线，例如文胸裁片后比是双层的时候，文胸成品必须拉断前期定位的单针线。

二、内衣常用工艺及要求说明

1.夹缝：两层或者多层一起车缝，缝边均匀。

常用工序有文胸的夹碗、夹下托、夹下扒、驳比、上碗等、轧落花边、丈根等；裤仔类的轧夹侧骨、包轧、轧夹浪位、夹花边。一般的夹缝要求入口对齐，缝边均匀，缝边容易暴线的位置需要回针，单针较多。

2.走线：一般针距较大，做初步的定位。

走线也是指单针，常用工序有文胸的鸡心走纱、侧比走纱、笠碗等；裤仔的里贴定位。这种初步的定位线迹比较稀，针距较大，与表料平，沿边布落线即可。

3.襟骨：是在夹缝或走线的基础上落第二次线。

常用工序有文胸的襟碗骨、襟下扒、襟碗边、襟第二道丈根；裤子的襟前中花边，襟丈根。常用车衣种有单针、双针、人字、三针；对于人字线、三针线襟丈根部分要求丈根拉开后不断线。

4.捆：是用捆条将面料车合，一边有缝边位通常缝边倒向压面线那一边。对于捆的款式，根据工艺要求有时要落捆条。

5.开：是指将缝边向两边拨开，再襟线，双针居多；束身类产品开骨通常用三针。文胸最常见的就是双针开骨，对于要落捆条的款式，要求捆条中间位对准骨线。

6. 踏：是指两块裁片有相应的重合位，一层放到另一层上面。常用工序有文胸的踏花边、踏碗耳仔、踏上碗等；裤仔类的踏花边、踏底浪等工艺。一般在束身产品上的应用较多，如人字、月牙。正常相踏位要求出入口齐，相踏均匀，车种以人字，坎车居多；对于坎车相踏的款式，要先初步用单针定位，这种定位的单针线针距较大。

三、内衣常用工艺线迹笔刷的制作

工艺图可以按照设计师的习惯用AI或者CD制作，PS也可以用来制作工艺笔刷，但相对前两个软件比较麻烦。本节中是以AI软件为例进行线迹笔刷的制作，更便于以后工作中随时调用。

1.单针线笔刷制作

（1）新建AI打印文档，在AI工具栏中选择 ⬚ 直线工具。然后按住键盘中的Shift键，画水平直线，并在界面右下方的对话框中选择描边，并如图3-16所示设置（数值可以根据自己的需要做调整）。

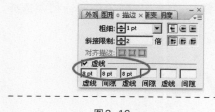

图3–16

（2）选择图3–16中的虚线，按住鼠标左键向右方的画笔在对话框中拖曳，然后松开鼠标，在出现的对话框中选择"新建图案画笔"，如图3–17所示设置。

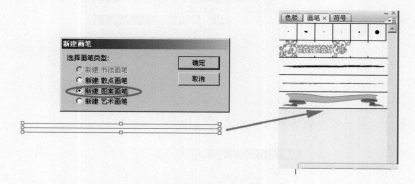

图3–17

（3）保存画笔库。上面的操作已经完成了单针的笔刷制作，需要将制作的笔刷保存在画笔库里方便以后调用。如图3–18所示设置。

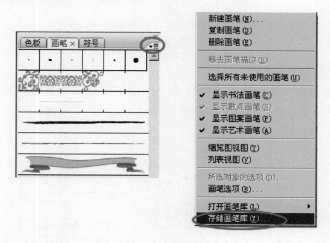

图3–18

2.人字线笔刷制作

（1）选择 ⬚ 画线工具，在图中的空白位置画一条斜线，然后将这条斜线复制，

选中该线在空白处单击鼠标右键，在弹出的对话框中选择"变幻""对称"。如图
3-19所示。

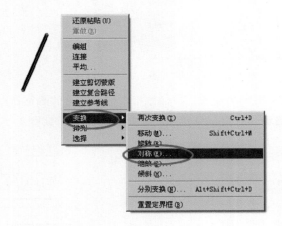

图3-19

接着在弹出的对话框中选择"水平"。如图3-20所示。

图3-20

然后移至此效果。

（2）框选图形，按住鼠标左键向右方的画笔对话框中拖拽，然后松开鼠标，
在出现的对话框中选择"新建图案画笔"，如图3-21所示设置。

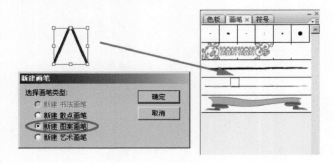

图3-21

（3）保存画笔库。上面的操作已经完成了人字笔刷制做，需要将制作的笔刷保存在画笔库里方便以后调用。如图3-22所示。

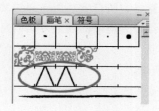

图3-22

笔刷的应用在工艺图的绘制中非常方便，在AI或者CD软件的应用中形状可以任意调整修改，也提高了工作效率。如图3-23所示。

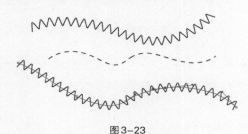

图3-23

可以用制作人字线的方法做出各种工艺线的笔刷，以便备用。

四、内衣工艺及注意事项

工艺图在标注清楚的情况下文字说明就会相应减少。

1. 内裤工艺图，如图3-24所示。

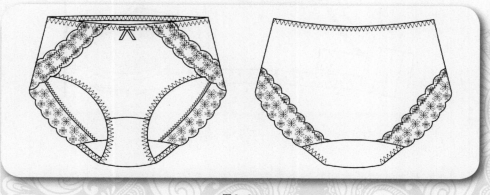

图3-24

（1）内裤产品要保证腰头和脚口的弹性，所以在腰头与脚口要用本身有弹性可开伸的线迹。

（2）此款式为了保证实穿性，脚口要选用有弹性的花边。

（3）花边与面料相踏的线迹为能伸的线迹，可以是人字，也可以是坎车。

2.文胸工艺图及注意事项

文胸正面，如图3-25所示。

图3-25

文胸反面，如图3-26所示。

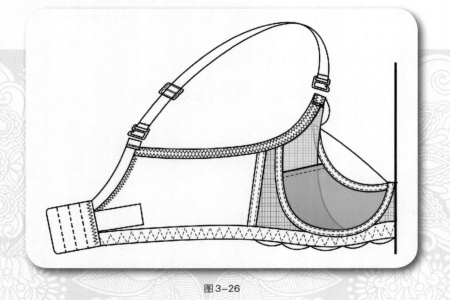

图3-26

（1）人体横向是文胸的受力方向，要求选择有弹性的面料，工艺上要求有拉度的线迹，例如上、下捆。

（2）耳仔连接肩带的位置，侧比与后比夹缝位的花边均为裁剪时的低波位。

3.束身衣工艺图及注意事项

束身衣的款式及工艺都比较多，常在工艺图上标注工艺说明是较常用的工作方法。在工艺图上的具体位置上直接标注面料及工艺说明图，使表达更清晰一些。如图3-27所示。

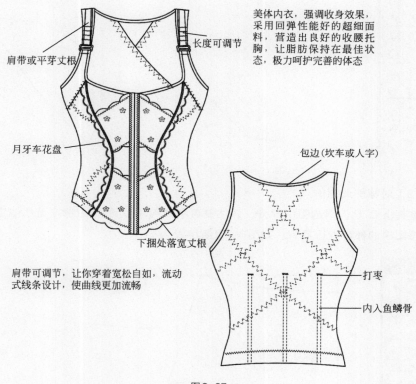

美体内衣，强调收身效果，采用回弹性能好的超细面料，营造出良好的收腰托胸，让脂肪保持在最佳状态，极力呵护完善的体态

肩带或平芽丈根

长度可调节

月牙车花盘

包边(坎车或人字)

下捆处落宽丈根

打枣

内入鱼鳞骨

肩带可调节，让你穿着宽松自如，流动式线条设计，使曲线更加流畅

图3-27

注意事项：

（1）束身衣产品对物料的弹性和回弹性的要求比较高。

（2）在设计及结构上一定要严格遵循人体力学及人体工学。

五、内衣工艺图制作

1. 三角裤工艺图制作

（1）轮廓线绘制

打开AI软件，选择钢笔工具 ，在图中的空白位置勾勒出图中的形状。接着选择 工具，调整图中各个节点位置，并调整曲线的弧度。如图3-28所示。

然后用同样方法做出三角裤前幅部分并调整弧度。如图3-29所示。

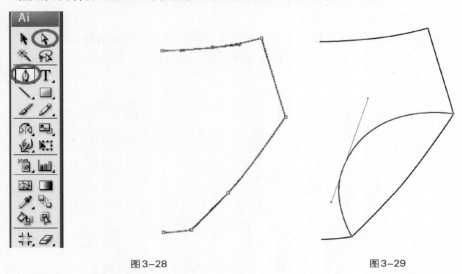

<table>
<tr><td align="center">图3-28</td><td align="center">图3-29</td></tr>
</table>

（2）对称部分制作

选择 ▶ 工具，框选图中部分，按住键盘中的Alt键，鼠标左键拖至线图空白部分，将图中的部分进行复制。如图3-30所示。

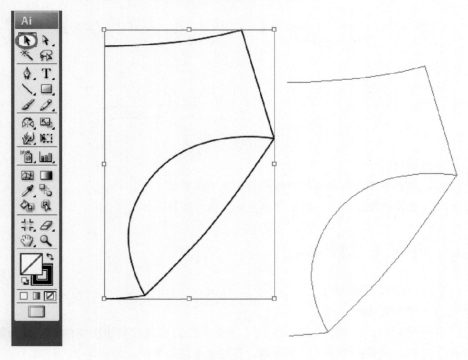

图3-30

　　然后选中图中复制的部分在图形的空白处单击鼠标右键，在弹出的对话框中选择"变换""对称"，如图3-31所示。

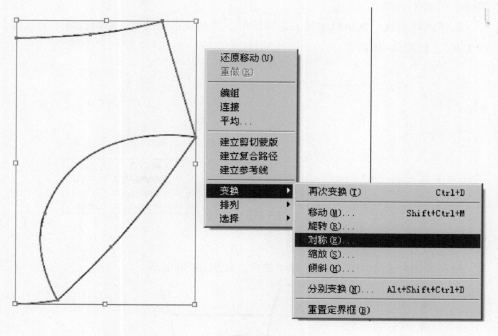

图3-31

　　然后在弹出的对话框中选择"垂直"，如图3-32所示。

　　然后将复制这部分移动至相应的位置上并调整节点位置，使图像线条顺畅。如图3-33所示。

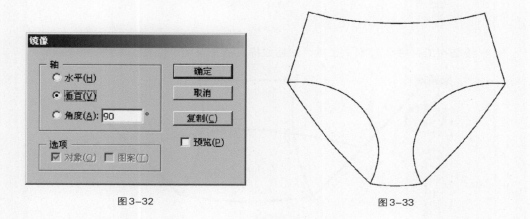

图3-32   图3-33

（3）前浪线与后浪线制作

选择直接工具，按住键盘中的Shift键，在图中相应的位置分别画出前浪与后浪线。如图3-34所示。

后浪线转曲线：选中后浪线，选择钢笔工具在线中间加点，然后选择"转换锚点工具"。如图3-35所示。

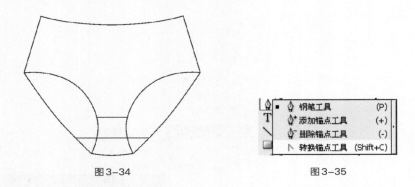

图3-34   图3-35

然后用鼠标在图中位置水平移动该点。如图3-36所示。

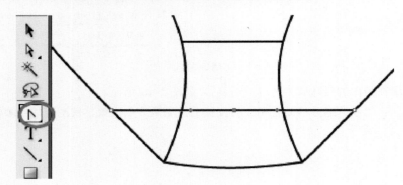

图3-36

接着在工具栏中选择 工具，然后鼠标左键拖曳图中位置。如图3-37所示。

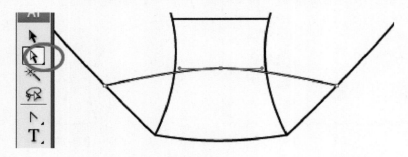

图3-37

（4）后幅制作

选择这部分整个图片，复制并移动到相对应的位置上，然后选择⬚工具，在后幅上选择不需要的部分，按Delete键删除这部分。如图3-38所示。

图3-38

然后选择⬚橡皮工具，擦除前幅部分多余的线。如图3-39所示。

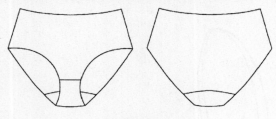

图3-39

（5）工艺部分制作

在图中相对应的位置用钢笔做出曲线，并移至相对应的位置上，并相应地调整线的位置（也可以对原图形进行线的复制再删除不需要的部分）。如图3-40所示。

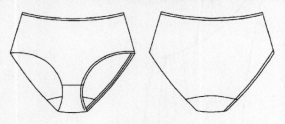

图3-40

然后用前面做笔刷的方法做出对应的线迹，然后替换在相对应的位置上。如图3-41所示。

图3-41

接着做出各部位的对称部分。如图3-42所示。

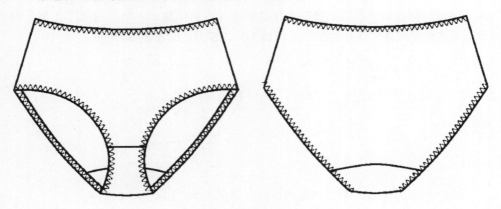

图3-42

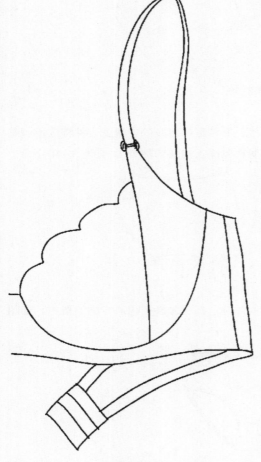

图3-43

2.文胸工艺图制作

（1）轮廓线绘制

打开AI软件，选择钢笔工具，在图中的空白位置勾勒出图中的文胸形状。接着选择工具，调整图中各个结点位置，并调整曲线的弧度（对于比较复杂的图形可以找一个参考样在上面描线）。如图3-43所示。

（2）工艺线绘制

按上述方法用笔刷绘制出部分工艺线。如图3-44所示。

（3）对称部分制作

做出他的对称部分，注意调整勾扣勾位的形状。如图3-45所示。

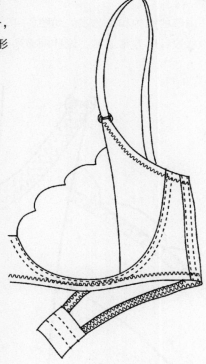

图3-44

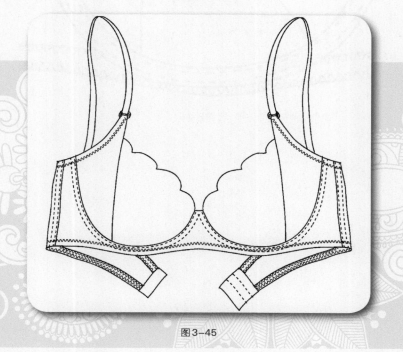

图3-45

（4）反面工艺线制作

用同样方法做出罩杯内部的结构和工艺线。如图3-46所示。

内衣的工艺结构在内衣设计中非常重要，设计师必须要掌握内衣工艺才能正确
完成内衣工艺图绘制。

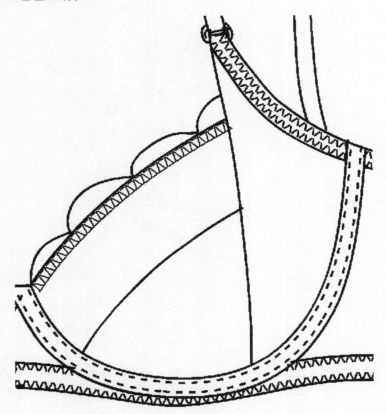

图3-46

第四章
内衣款式设计

Chapter 04

Underwear
Design

内衣设计与内衣的材质有关，所以在选择面料时一定要注意面料的实用性和本身物料的料性，一件内衣产品，在组料时要考虑，包括丈根的弹性与回弹，面料的性能与特点及面料的品质包括色牢度等，整件产品的组料与搭配不仅仅对内衣的外观重要，对内衣的实穿性也非常重要。

一、三角裤设计

1.构思与组料。这是设计者前期在做产品开发时要想到的，包括主料配色以及款式，在这样的基础上挑选物料，然后对物料进行搭配组合，画出款式图，可以是PS、AI、CD软件的线稿，也可以是手稿。

在这里以PS为示例进行款式设计，为了方便处理，我们在AI或CD软件中的线稿是以PSD或者JPG的格式导出的，我们以JPG格式为示例进行说明。

首先我们要挑选款式设计的物料，图4-2是一个比较基础款的内裤，是印花面料与网眼面料的搭配，内裤脚口网布的工艺为三线密轧，腰头与脚口的工艺为三针落丈根，丈根宽度8cm。裤子的前中搭配与丈根同色的丝带花仔。所选的印花面料如图4-1所示。

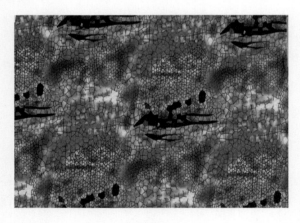

图4-1

2.下面为图4-2的三角裤填充面料。

图4-2

选择 移动工具将面料拖至设计图中，按Ctrl+T组合键拖曳鼠标改变印花在设计稿中的大小，注意花型比例。接着在图层中将面料的模式改为正片叠底。如图4-3所示。

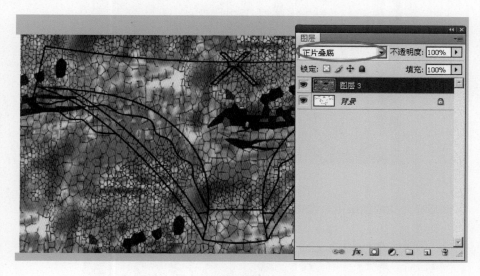

图4-3

然后在工具中选择 魔棒工具，按如图4-4所示设置。

图4-4

选择背景图层，在背景图层中鼠标右键裤子的前中部分，然后按住键盘中的Shift键，点击底浪，将这两部分同时选择。如图4-5所示。

图4-5

然后将这部分反选，删除三角裤以外的部分，菜单栏中"选择""反向"快捷键为：Ctrl+shift+I。如图4-6所示。

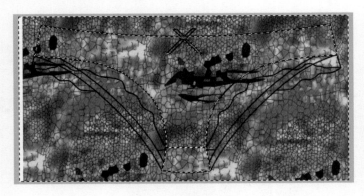

图4-6

然后在印花的图层中，按Dlete键删除反选的这部分。如图4-7所示。

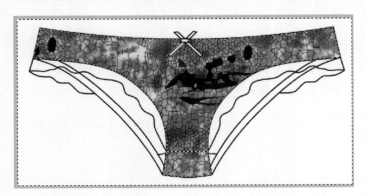

图4-7

3.选择⬚魔棒工具，在背景图层中选择图中的选区。如图4-8所示。

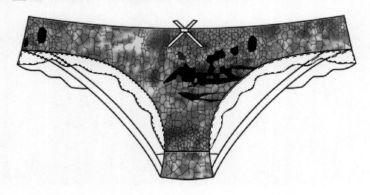

图4-8

接着在工具栏中选择 套索工具中的 磁性套索工具，按住键盘中的Shift键
选择图中部分。 如图4-9所示。

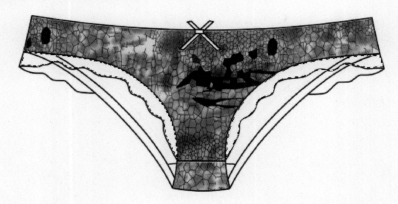

图4-9

然后在背景图层上面新建一个图层填充网眼面料的图层，并将图层的模式改为
正片叠底。如图4-10所示。

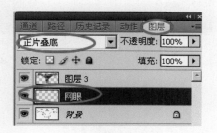

图4-10

然后将网眼图案填充到选区，可以是面料扫描图，也可以是自定义图案填充
（参见第二章的六角网眼制作）。如图4-11所示。

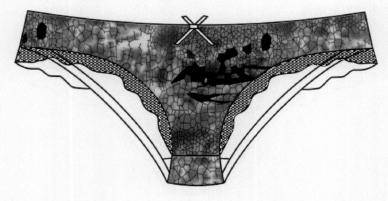

图4-11

用同样的方法做出下边部分网页面料的填充，为了使视觉效果更清晰一些，我们关掉上边部分网眼面料的图层，下边部分再新建一个图层。如图4-12所示。

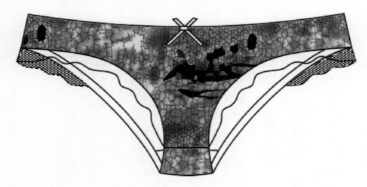

图4-12

4.透视部分面料的填充：在工具栏中选择 磁性套索工具，然后勾出图中的选区。为了使视觉效果清晰一些，我们关闭前面网眼部分的图层。如图4-13所示。

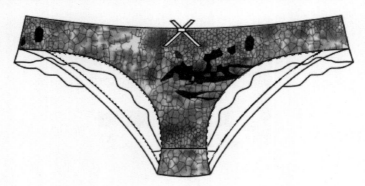

图4-13

然后在网眼涂层下面新建一个图层作为这部分面料的图层，图层的模式为正片叠底，然后选择前景色，将前景色填充到这部分选区中。如图4-14所示。

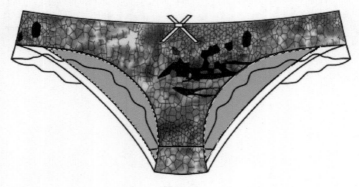

图4-14

　　5.花仔与丈根颜色的填充：用同样的方法在背景图层当中选择图中的选区，在网眼图层下面新建一个新图层，图层的模式为正片叠底。然后选择前景色，将前景色填充到这部分选区中。如图4-15所示。

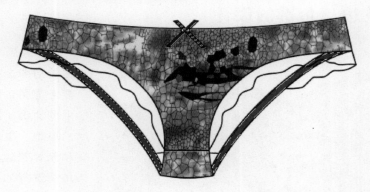

图4-15

取消选择区域，打开各部分的填充图层。如图4-16所示。

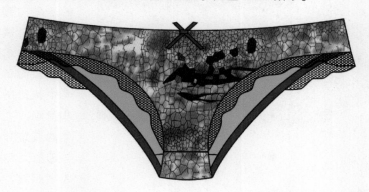

图4-16

可以返回到各个图层当中修改填充图层的颜色。如图4-17所示。

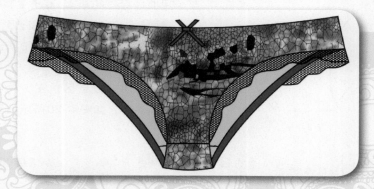

图4-17

这类三角裤结构比较简单，后片部分没有什么特别的设计，在效果图表现中我们只做出它的前边部分就能清楚地表现出设计意图。

二、花边三角裤的设计

图4-18

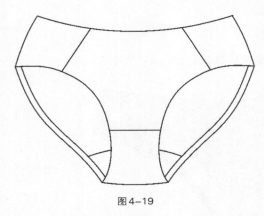

图4-19

1.构思与组料：在花边的选择上我们要考虑花边所占款式中的比例，以及花边的质地，主要是有弹和无弹花边。此款三角裤选择的花边，如图4-18所示。

此款是比较常见的基础内裤，裤型为中腰三角裤，构成裤子本身的结构与工艺都比较简单，在此款当中花边所占的比例非常小，主要是起简单的装饰作用，花边与前幅之前的工艺为人字相踏，在物料的选择上是弹力花边（前幅直线标注，较容易修改，在绘图中有时也可以相应地用曲线标注花边），裤子主料为双弹精编面料。腰头与脚口的工艺为三针落丈根，款式见线图，图4-19所示。

2. 面料填充

（1）建立选区：在工具中选择魔棒工具，如图4-20所示设置。

图4-20

选择背景图层，在背景图层中鼠标右键单击裤子的前中部分，然后按住键盘中的Shift键，点击底浪，将这两部分同时选择。如图4-21所示。

（2）选择内裤颜色：双击工具栏中的前景色，然后选择图中区域的酒红色部分，如图4-22所示进行操作。

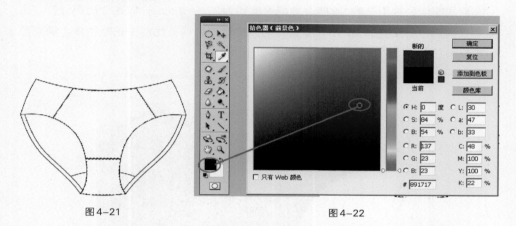

图4-21　　　　　　　　　　　　　　　　　图4-22

（3）填充内裤颜色：接着在背景图层上面新建一个图层作为面料图层，然后在工具栏中选择　画笔工具，如图4-23所示设置画笔的属性。

图4-23

然后用画笔工具在选择区域中画出前面部分，可以重复几次画出层次感。如图4-24所示。

图4-24

对于上面部分的颜色，我们也可以直接用前景色填充到选中区域中。

3.花边填充

（1）修改花边比例：将花边移到三角裤的操作界面。实物的花边都能测量出它的宽度，我们通常测量是以花边的低波计算的。花边的比例在效果图中非常重要。一些特殊的款式，工艺师要参见效果图花边取位。

款式图中的裤型一般1/2腰头完成长度约为27 ～ 28cm，以这个比例计算，这款裤子的前中长度约为16cm，那么花边的宽度就应该是比前中长差不多。调整花边在整条三角裤中的比例大小。如图4-25所示。

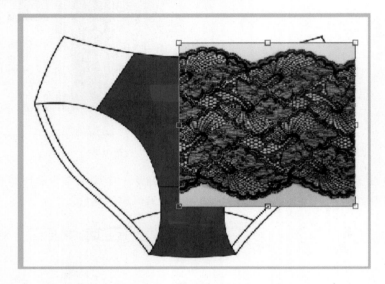

图4-25

（2）然后在花边图层上新建一个图层，框选花边部分（选区比花边部分稍微大一些）用酒红色的前景色填充选区部分。如图4-26所示。

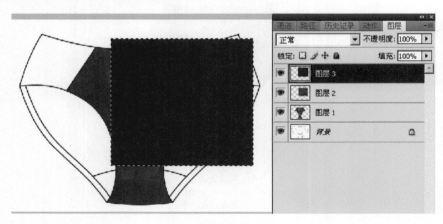

图4-26

然后将图层的属性改为滤色。如图4-27所示。

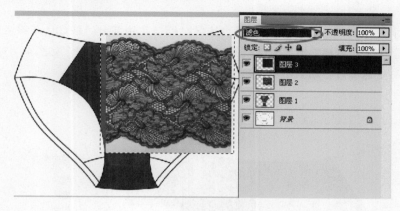

图4-27

然后将这两部分合并到同一个图层上面，接着在工具栏中选择█选区工具，去掉花边波边片以外的部分。如图4-28所示。

接着将花边图片填充模式改为正片叠底，并移动到图中的位置。如图4-29所示。

图4-28

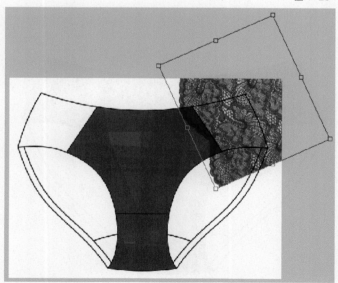

图4-29

　　然后用磁性套索工具选择选区并反选，删除填充花边以外的部分。如图4-30所示。

　　取消选择区域，Ctrl+复制这部分选区，框选花边部分，按Ctrl+T组合键，在操作界面中单击鼠标右键，在弹出的对话框中选择"水平翻转"。如图4-31所示。

　　然后将这部分移动到相对应的位置上。如图4-32所示。

图4-30　　　　　　　　　　　　　　　　　　图4-31

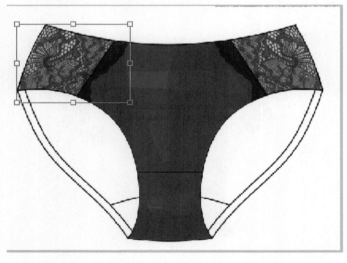

图4-32

用 🖊橡皮擦工具，去掉
背景图层中和前幅面料图层
中的多余部分。如图4-33
所示。

图 4-33

在背景图层中选择脚口
丈根部分，并用相应颜色作
为前景色填充进去。如图
4-34 所示。

图 4-34

在背景图层中用🖊魔棒
工具选择图中选区，然后用
🖊选择画笔工具，在界面上
方的属性栏中将画笔的透明
度调至15%左右，然后画出
裤子的阴影部分。如图4-35
所示。

图 4-35

完成效果图，如图4-36所示。

图4-36

三、刺绣花边内裤设计（效果图）

1.构思与组料：刺绣的面料本身是没有弹力的，在裤子的款式设计中要与其他有弹性的面料搭配共同使用，组料一定要保证面料的整体拉伸度。所选择花边，如图4-37所示。

图4-37

在款式的设计上要考虑到面料的性能，刺绣花边本身是无弹力的，所以在款式设计上花边不适合大面积的使用。裤子的款式为中高腰三角裤，腰头的工艺为色丁包边，前幅后幅搭配的面料选择的是比较通透的网眼。见设计图4-38所示。

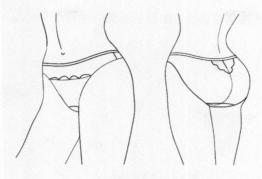

图4-38

人体3/4侧面的效果图是最容易表现出款式的角度，他能明确地表现出来前后幅之间的关联，建议我们在款式设计中以这种角度为模板。

2.填充花边：参见前面部分

按照花边实物样的大小，调整花边在效果图中的比例。如图4-39所示。

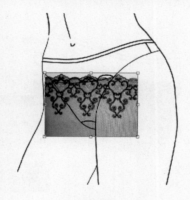

图4-39

选择 魔棒工具去掉花边的多余部分，然后将这部分花边复制备用。如图4-40所示。

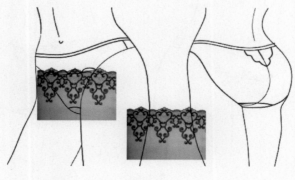

图4-40

按照上一节的方法将花边填充到前后各部分裁片中。如图4-41所示。

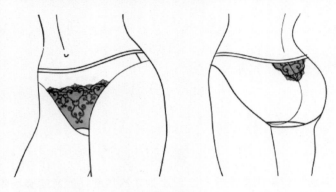

图4-41

注意在前幅花边的填充中要注意对称位置的变化，按照图4-42中的操作，保持花型在正中间位置。

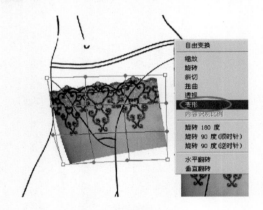

图4-42

然后用 橡皮擦工具，在背景图层中擦除多余的花边线部分。如图4-43所示。

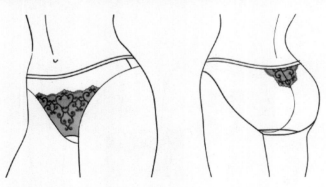

图4-43

　　为节约硬盘空间的容量，我们把花边合并到同一个图层上。也方便花边统一调色与修改。在背景图层上新建图层，作为网眼面料的填充图层。选择，选择魔棒工具，与前面不同的是选中"对所有图层取样"。如图4-44所示。

图4-44

　　选择图中部分的选区，如图4-45所示。

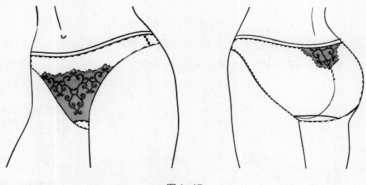

图4-45

　　将面料填充到这部分选区中。接着新建一个图层，图层的填充模式正常，然后选择腰头的包边部分，并将包边部分的颜色填充到包边的选区中去。如图4-46所示。

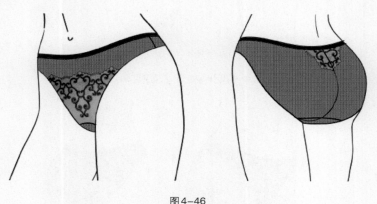

图4-46

　　然后选择减淡工具，如图4-47所示设置各参数。

图4-47

然后对图层中高光位置进行操作。如图4-48所示。

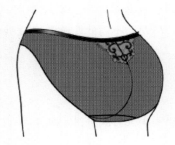

图4-48

为了使整体款式效果看上去更清晰，面料表现更通透些，可以将背景图层上，新建一个图层，图层的填充模式为正片叠底，选择所选区域填充肤色。如图4-49所示。

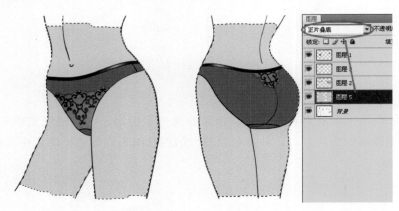

图4-49

接着将肤色图层做一些简单的明暗处理。如图4-50所示。

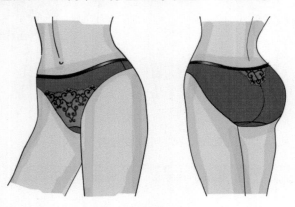

图4-50

接着调整花边图层的颜色使之与面料颜色统一，并修改面料图层的透明度，让
面料的通透感更强一些。如图4-51所示。

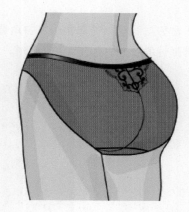

图4-51

注意：底浪的位置由于是双层面料，所以这个位置是不透色的。如图4-52
所示。

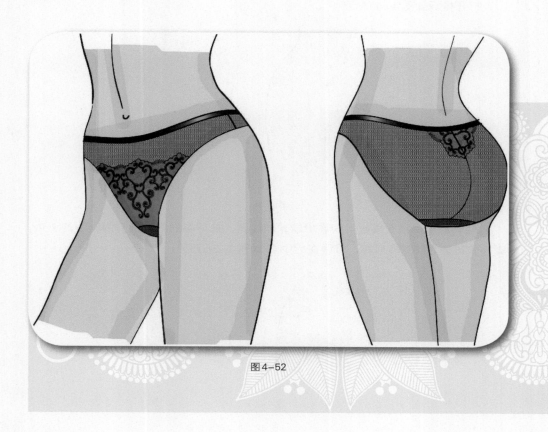

图4-52

四、弹力花边平脚裤设计（效果图）

构思与组料：选择花边及三角裤的主料，在三角裤大面积使用花边面料时，要选择弹性的花边。如图4-53所示。

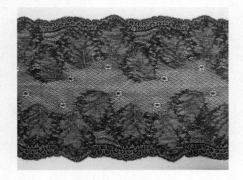

图4-53

打开模板如图4-54所示。

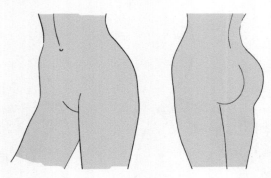

图4-54

用 钢笔工具在模板上勾勒出款式的线图，前后幅的脚口部分为花边的波边，脚口的花边为前幅连后幅，骨线在后中。如图4-55所示。

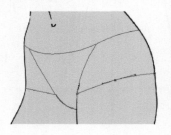

图4-55

　　然后新建一个图层，在这个图层上操作，将上一部分的路径描边。如图4-56所示。

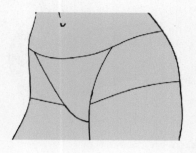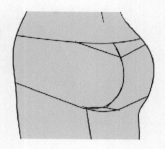

图4-56

　　将花边拖拽至设计稿中，将花边的模式改为正片叠底，根据花边结构的设计特点，改变花边大小，并旋转到图中位置。如图4-57所示。

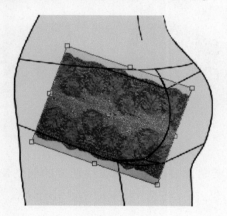

图4-57

　　将花边做成连续性的图案，然后将这几部分如图4-58所示填充到设计图中。（参见第二章）

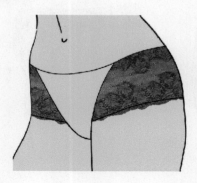

图4-58

选择 橡皮擦工具擦除设计图中花边的辅助线。如图4-59所示。

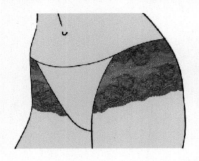

图4-59

然后将面料颜色填充到前中，后中，以及后幅下面的底浪部分。如图4-60所示。

图4-60

接着做出肤色的明暗部分，并调整花边图层的颜色使整体颜色统一。如图4-61所示。

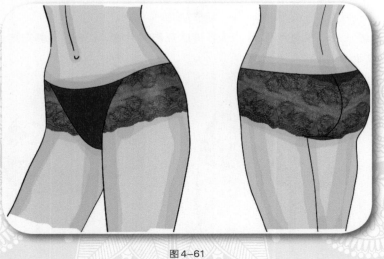

图4-61

五、刺绣花边文胸设计

1. 构思与组料：选择花边及文胸的物料（主料及辅料），包括杯（模杯或者夹棉杯）、后比及侧比面料、肩带、上下捆丈根、文胸的连接扣、勾扣等。主料的花边参见第二章花边制作，在此款中把花朵边线的距离及颜色做了调整，如图4-62所示。

图4-62

2. 设计线稿：在绘制线稿时一定要注意各个位置的比例大小，比如碗杯占整个文胸的几分之几，背扣单排扣、双排扣及多排扣的宽度与文胸的比例。单排扣常用规格是1.9cm，双排扣常用规格3.2cm和3.8cm；三排扣规格是5.5cm和5.7cm。此款文胸我们选择勾扣是三排的，在绘图时要注意勾扣和部分结构的比例。（平时要多注意这些物料的观察和学习）结构比例对内衣的构图非常重要。此款是文胸基础款，罩杯和下扒是刺绣花边，罩杯上收一个省位，但不要破坏整朵花的花型，所以在裁剪时要注意这个位置，很多大花朵为了不破坏花型会在前面离鸡心处较近的位置收一个小省（有时是因为裁剪的需要）。另外，在构图时要注意鸡心位，还有花边与侧骨的夹缝位置一定要处于花边的低波点。才能保证裁片夹缝时顺畅。花边的波边在画线图时可以用直线表示。如图4-63所示。

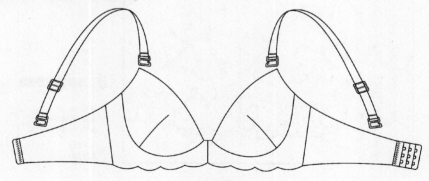

图4-63

3. 填充花边

（1）调整花边比例：在工具栏中选择 ![移动工具] 移动工具，将花边拖拽到操作界面中，用 Ctrl+T 组合键，调整花边的比例大小，可以拿一个文胸的罩杯和花边来参照花型罩杯中的位置和比例。如图 4-64 所示。

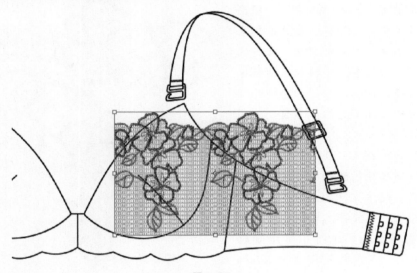

图 4-64

调整花边比例后，将花边图层复制一个备用。

（2）填充下扒花边：Ctrl+T 旋转花边并拖至图中位置，注意花边的低波牙要处于侧比与后比的夹缝位置。然后在操作界面的空白处单击鼠标右键，在弹出的对话框当中选择"变形"，如图 4-65 所示操作使花边沿波牙线方向轻微变形。

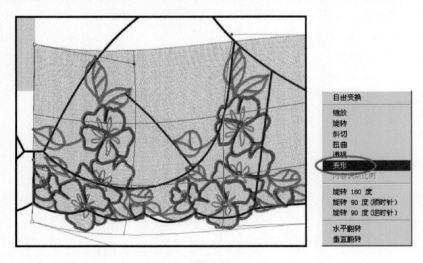

图 4-65

在工具栏中选择 磁性套索工具，按图像位置选择选区，如图4-66所示操作。（在选择选区的时候为方便操作可以将花边图层关掉）。

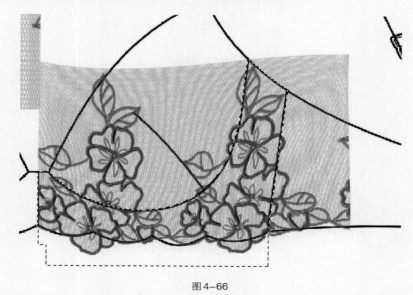

图4-66

接着将选区以外的位置删除。菜单栏中"选择""反选"然后按Delete键删除。

然后将这部分的花边复制，Ctrl+T组合键在图像的空白处单击鼠标右键，在弹出的对话框中选择"水平翻转"，然后将花边移动到图中位置。如图4-67所示。

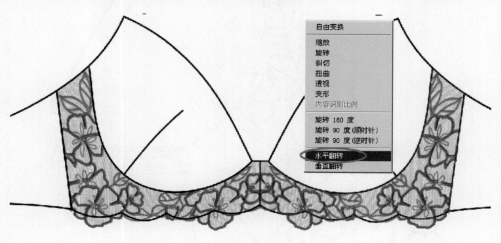

图4-67

用同样的方法对罩杯部分进行操作。注意上碗的位置要处于花牙的低波位。如图4-68所示。

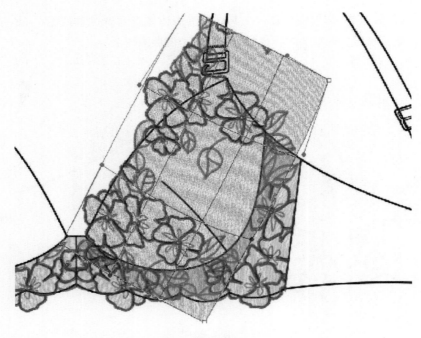

图4-68

在工具栏中选择🖋钢笔工具如图4-69所示选择选区，在路径中按图4-69所示操作，选择图层夹缝线以右的花边部分。

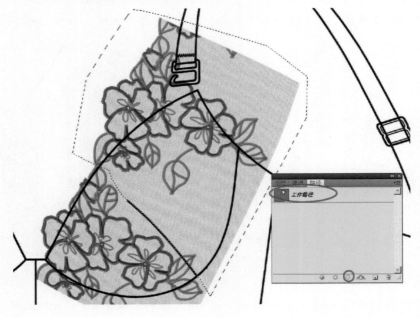

图4-69

　　然后将这部分剪切掉，重新作为一个图层粘贴到原来的图像上。快捷键 Ctrl+X，Ctrl+V。接着将这部分进行轻微的旋转和变形，使花边的波边与罩杯杯边的方向一致。如图4-70所示。

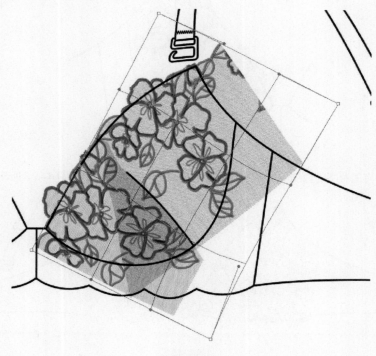

图4-70

　　选择 橡皮擦工具擦除花边与底层的花边相重叠的部分。如图4-71所示。

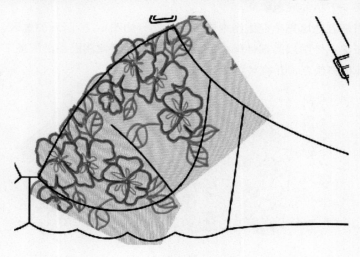

图4-71

用上面的方法删除掉罩杯以外的花边部分。如图4-72所示。

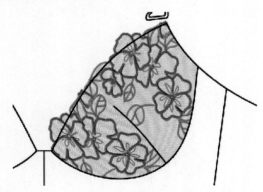

图4-72

接着将罩杯花边复制，并移动到相对应的对称位置上。如图4-73所示。

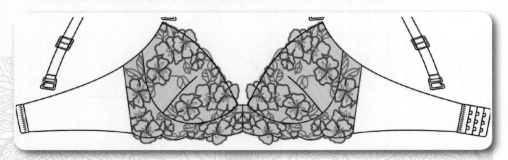

图4-73

4. 罩杯与下扒的底色填充

（1）罩杯底色填充：在线图中选择罩杯部分如图4-74所示的选区，然后在线图图层上新建一个图层为罩杯颜色的填充图层（注意此图层在图层最下面），在前景色中选择模杯颜色，并将其填充到选区中。

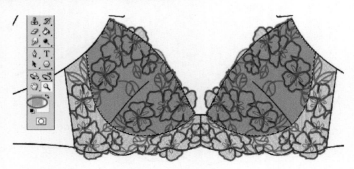

图4-74

　　然后分别用 减淡和 加深工具做出罩杯部分的高光与阴影部分。可以参见第二章的罩杯处理。如图4-75所示。

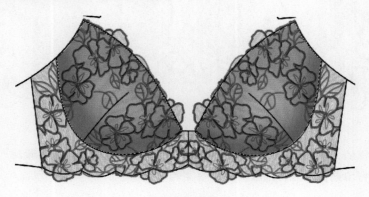

图4-75

　　选择 橡皮擦工具在线图中擦除下扒参考花边线。

　　（2）下扒部分底色填充，选择 钢笔工具，如图4-76所示沿花边低波牙勾出路径。然后用前景色对路径进行描边。这步操作可以在线图的图层上进行。

图4-76

　　重复上步操作，也可以将新做的描线复制。如图4-77所示。

图4-77

然后将这部分进行用前景色填充，作为下扒的丈根部分。如图4-78所示。

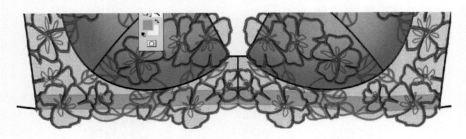

图4-78

用同样的方法做出夹弯位的丈根部分，接着选择图中的选区，新建一个图层用前景色进行填充，然后将图层的不透明度调到40%。如图4-79所示。

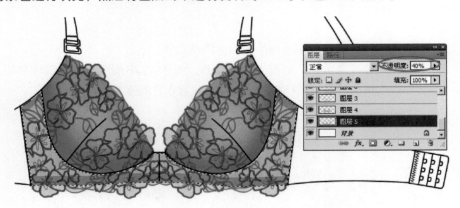

图4-79

5.后比与肩带面料颜色填充

将面料颜色填充到后比、肩带与勾扣中。如图4-80所示。

图4-80

选择🔍减淡工具，做出肩带部分的高光。然后选择🖊️橡皮擦工具，在线图中擦去罩杯杯边多余线。如图4-81所示。

图4-81

面料颜色快速填充技法：

在线稿上面新建一个图层，图层的模式为正片叠底。直接将面料颜色填充到该图层中。然后选择🪄魔棒工具，如图4-82所示设置，然后在空白处点击鼠标左键，选择选区。如图4-82所示。

图4-82

然后按Delete键删除图中部分。如图4-83所示。

图4-83

然后再对花边部分进行删除，再修改一下细节部分即可。

6. 工艺设计

工艺对内衣设计到产品的转换尤为重要。内衣工艺图上要清楚地标注内衣的工艺线，技术部门才能明确知道工艺怎样处理，一般比较难操作的工艺，设计师会提供同类产品的实物或者拍照样。

在设计师没有对工艺有特别要求的情况下，技术部门会以常规的工艺操作。但有些工艺是有争议的，比如下捆，可以用人字压两次，也可以用三针落丈根。杯边的花边可能会是单针或者人字压线固定，也可以用钉针定位来操作。

下面对工艺进行一些简单的说明如下。

（1）文胸的花波点用钉花车定位。

（2）罩杯花边骨线向后倒。

（3）上捆的工艺为人字落丈根。

（4）下捆工艺为三针落丈根。

（5）捆碗的工艺为正捆。

（6）下扒花边夹缝后双针开骨。

工艺图绘制我们常用的软件是CD或AI，图4-84是用AI作笔刷做的工艺线图，AI笔刷制作参见第三章笔刷制作。

工艺图正面，如图4-84所示。

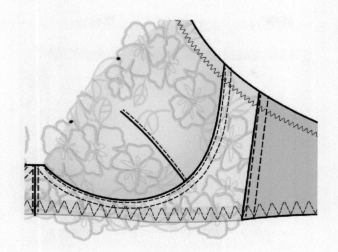

图4-84

工艺图背面，如图4-85所示。

此款的罩杯内部加杯垫，以适应更多的消费人群。

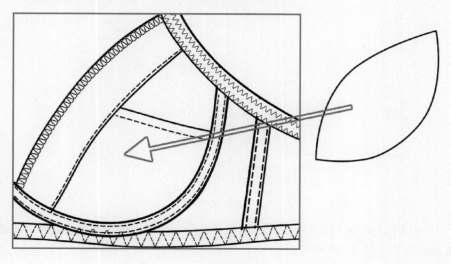

图4-85

六、全罩杯文胸设计（手稿设计图处理）

设计师在工作当中会经常勾勒出一些手绘草图线稿，将手稿扫描（或数码相机拍照）进电脑后再进行勾线上色，或者直接经过PS填色处理，都是十分方便的。

1.构思与组料。选择文胸的罩杯及物料，然后根据物料设计款式，然后将手稿扫描（也可以用数码相机拍照）。

2. 线稿去色：打开绘线稿，选择剪切工具裁掉边缘部分🔲。如图4-86所示。

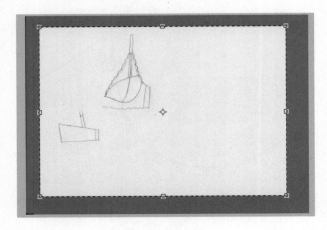

图4-86

图4-87中的线稿是用铅笔勾线的，颜色看起来比较灰。

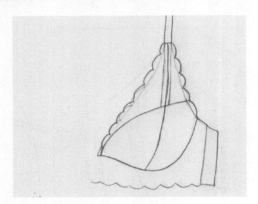

图4-87

为了使线图颜色清晰一些我们要对铅笔稿进行处理。在菜单栏中选择"图像"、"自动颜色"，如图4-88所示。

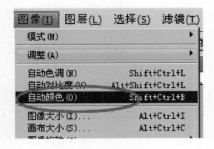

图4-88

如图4-89所示颜色明显变清晰了。

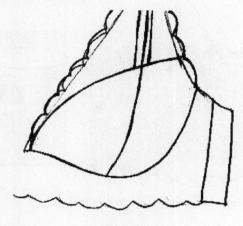

图4-89

在工具栏中选择✎魔棒工具，如图4-90所示设置魔棒工具的参数。

图4-90

然后在图像的空白处点击鼠标左键，对相同区域的接近白色的位置进行选取，Delete键删除选区部分，然后再用橡皮擦工具擦除图片中明显较脏的部分。如图4-91所示。

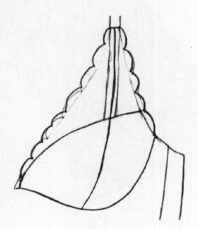

图4-91

3.填充花边：打开花边图案，在工具栏中选择⊹移动工具将花边拖拽至设计图的操作区域内。将花边的图层模式改为正片叠底，然后Ctrl+T键调整花边在设计图中的比例大小 。如图4-92所示。

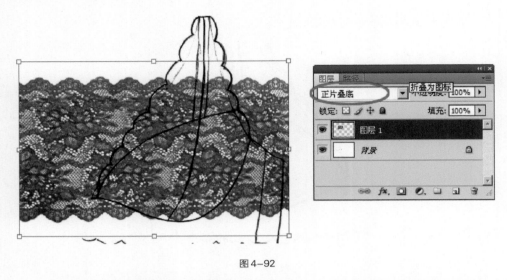

图 4-92

　　如图4-93操作将花边移动到文胸的杯边位置，并按照线图中杯边波牙的方向
调整花边的形状。

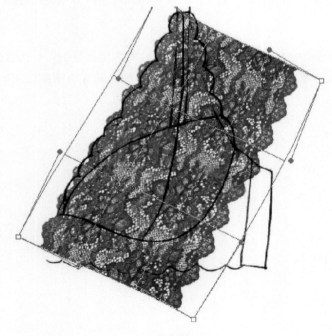

图 4-93

　　由于图中的线稿是手稿所致，线图边缘不是很清晰，所以用套索工具选择
选区时很不方便，所以我们要借助🖋钢笔工具在路径中进行选区的选择。如图
4-94 所示。

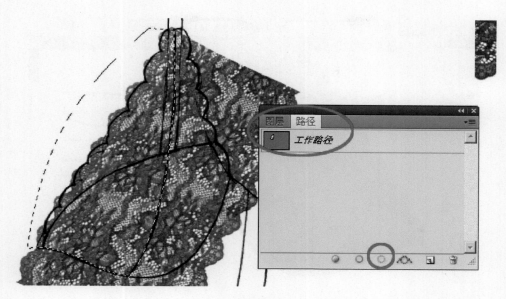

图4-94

然后对选择区域进行反选，删除罩杯以外的部分。如图4-95所示。

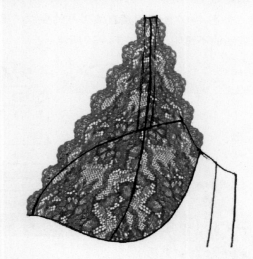

图4-95

4.罩杯内部颜色的填充

　　用同样的方法对文胸的内部罩杯进行选取，在工具栏中选择✐吸管工具在花边较深的颜色上对罩杯进行取色。新建一个图层作为罩杯颜色的填充图层，并将图层的填充模式改为正片叠底。

　　选择✐画笔工具，如图4-96所示设置画笔的属性，并改变画笔笔刷的大小及画笔的不透明度。

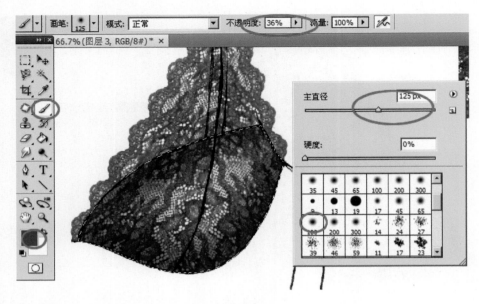

图4-96

5.丈根位置颜色填充

选择 ◥ 直线工具，如图4-97所示设置直线工具的参数与属性，并将图形的模式改为正片叠底，改变图的不透明度。如图4-97所示。

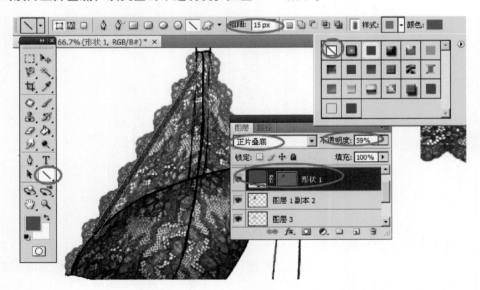

图4-97

用同样的方法做出夹弯部分的颜色填充。并用橡皮擦工具擦除多余部分。注意：这种方法做出的图层是不可编辑的，我们必须对图层进行栅格化处理才能对图

像进行修改，如图4-98所示在所选图层中单击鼠标右键，在弹出的对话框中选择
"栅格化图层"。

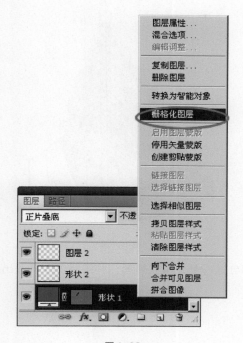

图4-98

选择 钢笔工具勾出路径，在花边图层上面新建一个图层，在这个图层上对
路径进行画笔描边。如图4-99所示设置画笔的属性。

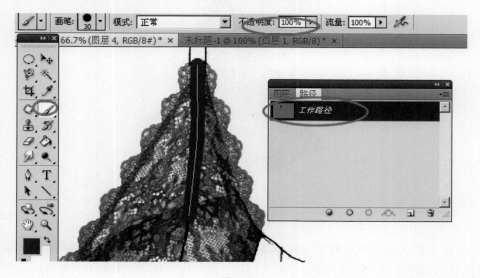

图4-99

将图层的属性改为正片叠底，并调整图层的不透明度，然后选择橡皮擦工具擦除多余部分。如图4-100所示。

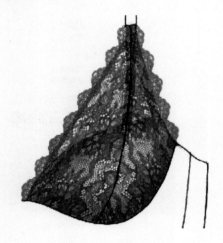

图4-100

对肩带及后比部分进行颜色填充处理，并用减淡工具做出肩带的高光部分。如图4-101所示。

图4-101

6.面料及肩带颜色填充：将各部分图层选中，复制并移动到相应的对称位置上。（在确定图片不修改的情况下也可以将全部图层合并）如图4-102所示。

图4-102

然后对下扒位置进行花边填充，然后擦除背景图层中的花边的参考线。如图4-103所示。

图4-103

用上面同样的方法做出效果图的后比部分，将效果图做完整。如图4-104所示。

图4-104

7. 工艺设计

工艺图正面。如图4-105所示。

图4-105

（1）罩杯花边的工艺为双针开骨。

（2）文胸花边的杯边人字落小丈根。

（3）夹弯的花边波牙落丈同上捆，花波处压两道人字线。

（4）捆碗位的工艺为正捆。

文胸背面结构，如图4-106所示。

图4-106

（5）罩杯花边开骨的双针下落定型纱捆条。

（6）模杯表层盖面布，杯边用单针压线。

（7）捆碗的捆条连鸡心一起，在中间处打一个枣。

七、抹胸款文胸设计（手稿效果图处理）

1. 构思与组料：这是一款比较简洁的款式，在整个款式的外观上线条感强，分割线少，花边的选择必须是有弹的才能使用在下捆位置。

2. 线稿处理：扫描的设计图有时不是按照我们画图的方向做的，所以需要对图片的方向进行调整，将打开的扫描线稿进行旋转，如图4-107所示进行操作。

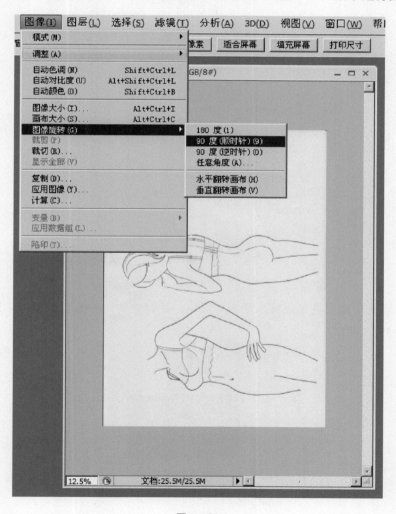

图4-107

然后将图片进行去色处理。如图4-108所示。

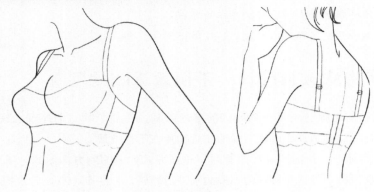

图4-108

3. 背景上色：对人物进行简单的上色处理，为了方便修改，通常对人体颜色新做一个图层，然后将图层的填充模式改为正片叠底，然后进行人体部位上色。如图4-109所示。

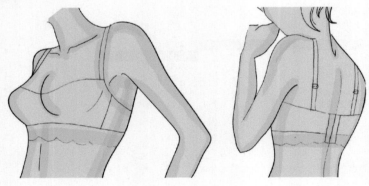

图4-109

4. 填充花边：将花边移入绘图界面中，并调整花边的绘图模式为正片叠底。如图4-110所示。

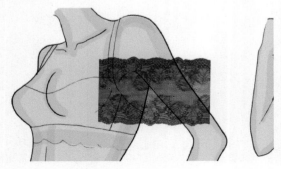

图4-110

然后将花边填充到效果图相对应的位置上，并调整花边的形状。如图4-111所示。

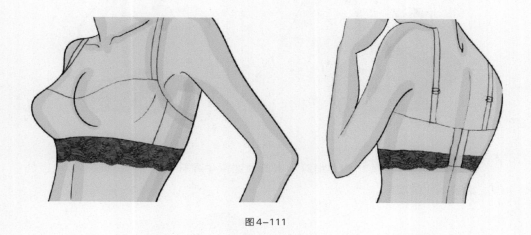

图4-111

5. 填充面料：选择钢笔工具勾出选区形状，新建一个图层（文胸色），将图层模式改为正片叠底，然后将面料颜色填充到图层中。如图4-112所示。

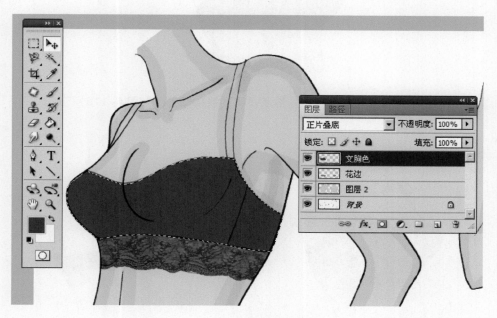

图4-112

在这个图层上用同样的方法对下面各个部位进行颜色填充。如图4-113所示。

图4-113

然后分别用"减淡"和"加深"工具对图层中罩杯及肩带的明暗部分进行处理。如图4-114所示。

图4-114

选择橡皮擦工具在线稿图层中擦除多余的线稿部分。如图4-115所示。

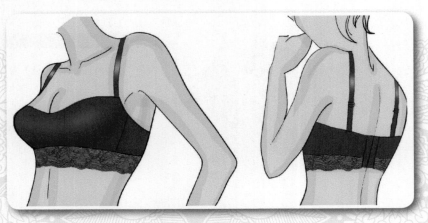

图4-115

6.工艺设计

（1）工艺图正面，如图4-116所示。

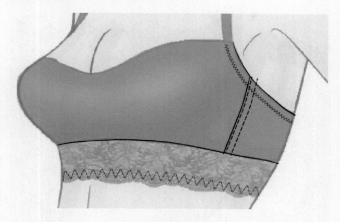

图4-116

① 前中裁片为压模工艺。

② 下捆位置为三针落丈根，丈根宽度1.2cm。

（2）工艺图背面，如图4-117所示。

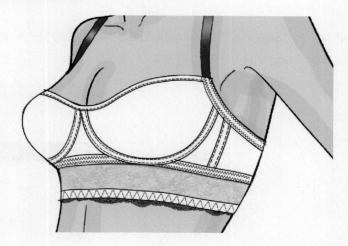

图4-117

① 上捆与钢圈下捆均为人字落丈根，丈根宽度1.2cm。

② 背扣宽7.2cm。

八、吊带睡衣设计

1. 构思与组料：选择花边及睡衣的物料，主料及辅料。睡衣的主料是使用绣花边与通透的网眼面料搭配。如图4—118所示。

图4—118

2. 设计线稿：在CorelDRAW软件中绘制线稿，并将图片导出为有图层的PSD格式，然后在Photoshop中打开图形。如图4—119所示。

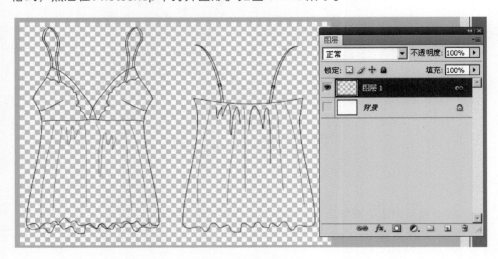

图4—119

3. 填充花边：将花边放置于线稿和背景图层之间，并调整花边在罩杯中的比例。如图4—120所示。

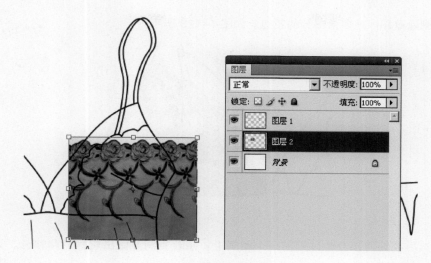

图4-120

旋转花边至图4-121中的位置上，然后沿骨线将花边的另一部分删除。

图4-121

然后在上一部分图层下面填充花边，注意对花型，如图4-122所示进行操作。

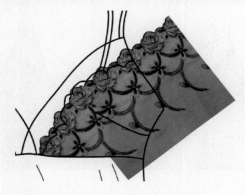

图4-122

删除罩杯以外多余部分的花边。如图 4-123 所示。

图 4-123

然后将这两部分合并到同一个图层上，接着复制并做出它的对称部分。如图 4-124 所示。

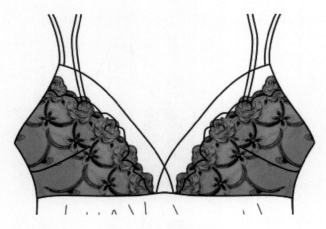

图 4-124

选择 📝 橡皮擦工具在背景图层上擦除花边的辅助线。如图 4-125 所示。

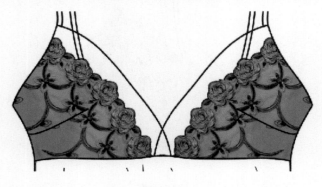

图 4-125

4. 填充面料：选择⬚磁性套索工具选择的裙摆区域，将网眼图案作为填充图案填充到选择区域中。 如图4-126所示。

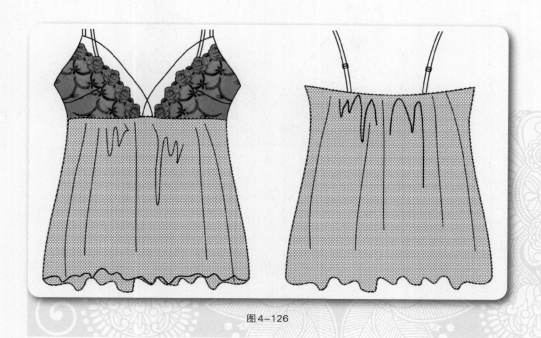

图4-126

注意：面料是有纹向要求的，杯边的方向一般是沿面料的弹力方向，我们在作图时把它作为小部分然后作为图像处理填充到杯边中。如图4-127所示。

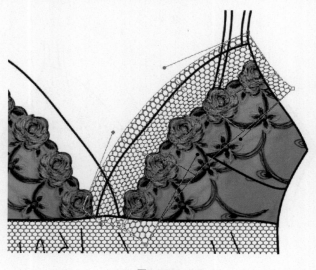

图4-127

然后做出它的对称部分。如图4-128所示。

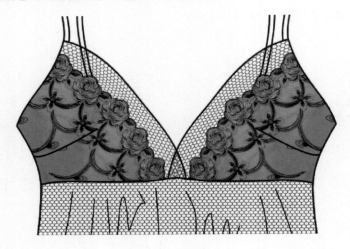

图4-128

5. 明暗关系处理

（1）罩杯的明暗处理：在很多时候用"减淡"和"加深"工具处理明暗关系时色彩不是很均匀的。通常我们会用画笔工具实现。

在花边图层上面新建一个图层，图层的填充模式"正片叠底"，然后选择花边区域并在花边的浅色部分取色。如图4-129设置画笔的参数和属性，并将花边的不透明度设置为30%左右。效果如图4-130所示。

图4-129

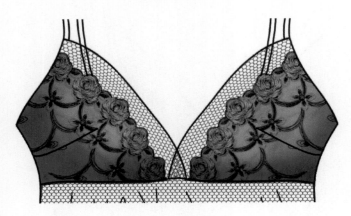

图4-130

（2）裙子明暗关系处理：选择画笔工具如图4-131所示设置。

图4-131

在裙子的区域用画笔工具画出明暗部分，加重的颜色可以多画几次。如图4-132所示。

图4-132

6. 肩带颜色填充：在花边的深色区域取色，作为肩带的色填充到肩带中，并用"减淡"工具做出肩带的高光部分。如图4-133所示。

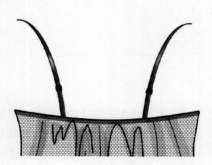

图4-133

吊带裙整体效果，如图4-134所示。

图4-134

7. 工艺设计：吊带裙的结构比较简单，工艺也比较少 。如图4-135所示。

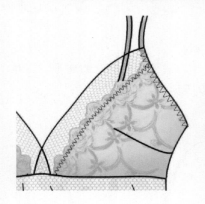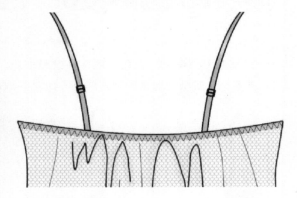

图4-135

（1）杯边与裙底摆为密轧的工艺。

（2）罩杯为花边踏在网眼面料上，花边下面用网眼做衬布。

（3）网眼面料与花边一起夹缝收省。

（4）夹弯连后比的工艺为三针落丈根。丈根宽度为0.8cm。

九、束裤设计

1. 构思与组料：重压型束裤，面料弹性与回弹要好，裤子主料为弹力拉架面料，里贴部分网眼面料，前中有花边做装饰。在设计上要严格遵循人体工学，结构要合理。

2. 线稿处理：在AI里绘制线稿，并将其复制，快捷键"Ctrl+C"。如图4-136所示。

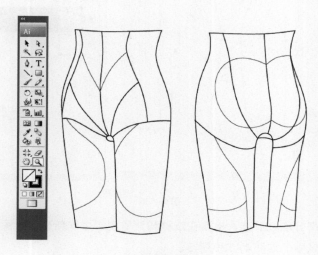

图4-136

打开Photoshop，新建一个文件，将AI的线稿粘贴到图形中，快捷键"Ctrl+V"。然后在弹出的对话框中选择"像素"。并调整线图在图像中的大小。如图4-137所示。

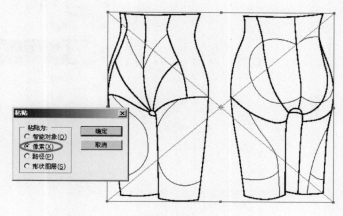

图4-137

3.面料颜色填充：在工具栏中选择魔棒工具，并在左上角如图4-138所示设置魔棒工具的参数，然后在线稿的空白处点击鼠标左键，选择图中区域。

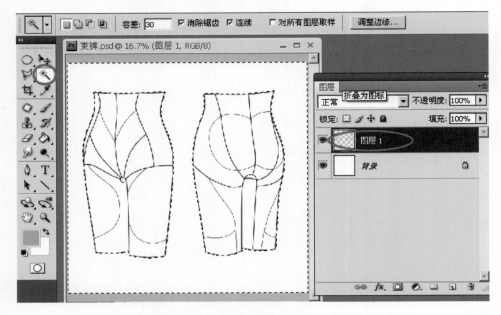

图4-138

然后将这部分区域反选，接着在线稿和背景图层中间新建一个图层，将面料颜色填充选择区域中。如图4-139所示。

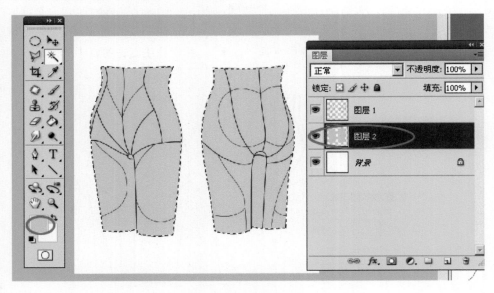

图4-139

　　然后在这个图层上面新建一个图层，图层的填充模式为"正片叠底"，并将图层的不透明度改为50％，然后将前景色填充到图中区域。如图4-140所示。

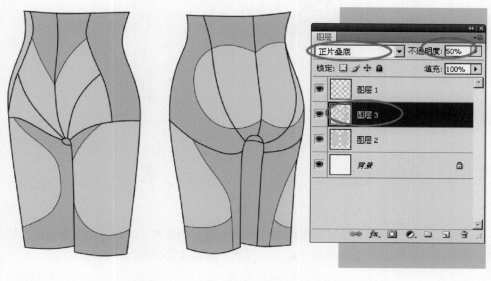

图4-140

　　4.花边填充：将花边图层移动到线稿下方图层，并按比例调整花边大小。如图4-141所示。

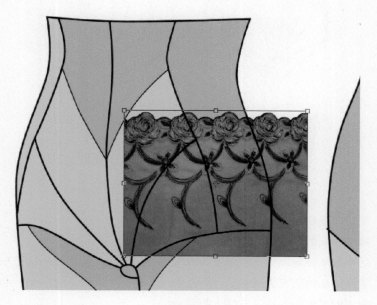

图4-141

　　旋转花边，分别将花边填充到图中位置上。如图4-142所示。

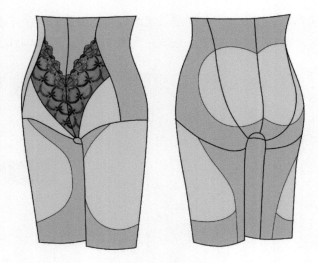

图 4-142

5.工艺设计：工艺设计对于功能性内衣产品十分重要，设计师不仅要掌握人体分割的力学知识，还要懂得针车标准和性能。束裤工艺如图 4-143 所示。

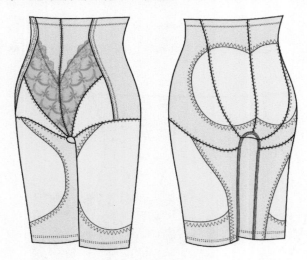

图 4-143

（1）花边与面料之前的工艺为人字相踏。

（2）裤子腰头的工艺为人字落丈根，丈根宽 2cm。

（3）后中靠下部分缩褶（底浪上 3cm 处向上 8cm），长度 8cm 缩至 5cm。

（4）里贴贴边的工艺为三针。

（5）底摆的工艺为坎车（三线）折缝边。

（6）腿夹缝位为相踏坎车（四线）压线。

第五章
系列化产品设计
实例与分析

Chapter 05

Underwear
Design

内衣系列化是根据市场和消费者的需求对款式进行调配的产品，产品与产品之间保持设计元素与物料的统一性。但每件产品都是独立的。产品不仅在款式上而且在尺码及性能方面应适合更多的消费人群。

一、光面系列

1. 选料与构思

（1）季节与要求：春夏季的内衣产品，面料要求比较轻薄，设计要求简洁大方，适穿。本系列的消费人群为25 ～ 40岁，追求时尚与品质的都市白领。在整个产品架构中是主推走量款。

（2）产品结构：三件文胸、三条内裤、一件吊带。

文胸杯型：低心位1/2杯款（中厚模杯）A、B杯，尺码70-85；

抹胸款（3/4薄模杯）C、D杯，尺码70-85；

3/4模杯款（厚模杯）B、C杯，尺码70-85。

内裤款：低腰浅平脚裤；

中低腰三角裤；

中高腰三角裤。

（3）物料：面料采用有光泽的超细面料；肩带为1cm宽有光泽的，品牌标识的LOGO为水溶刺绣。

（4）产品颜色：单色（橘色、蓝绿色）。

2. 设计效果图与设计说明

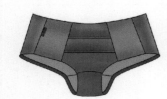

在色彩上追求复古，在款式上简洁与时尚。造型简洁、线条流畅，系列中的每款都可以拿出来重新搭配。

（1）吊带款：低心位1/2杯款＋低腰浅平脚裤。吊带款的右下侧骨、文胸的捆碗位及内裤的右侧骨有LOGO作装饰，如图5-1所示。

图5-1

（2）3/4模杯款＋中高腰三角裤：抹胸款＋中低腰三角裤，如图5-2所示。

图5-2

配色另一套方案，如图5-3所示。

图5-3

3. 工艺说明

工艺设计是体现内衣效果图到内衣成品转换的必须阶段，使它的结构更合理，更适穿。工艺设计的完善直接影响到内衣的外观与上身效果。

在设计上没有表现完整的，要在工艺上附加说明，没有说明的工艺部一般会以常用的工艺来完成产品制作。一般不是常规工艺都要附加工艺说明。

（1）吊带款：前中部分（胸的位置）为面料缩褶。罩杯压模，无分割骨线。后幅为整片一片裁片，前后幅夹缝位置在侧骨上。底摆的工艺为坎车折缝边压线。

（2）3/4模杯款＋中高腰三角裤：文胸款罩杯放可拆卸杯垫，后比（后背结构）为U比，背扣宽3.8cm，如图5-4所示。

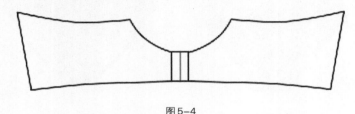

图5-4

（3）抹胸款＋中低腰三角裤：在第二套配色方案中有抹胸背面的结构图，后比为直比，勾扣宽3.2cm。

（4）低心位1/2杯款＋低腰浅平脚裤。文胸款后比工艺为直比，勾扣宽3.2cm，文胸的肩带为可拆卸式，双肩带，可以自由组合。

二、少女系列

1. 选料与构思

（1）季节与要求：春夏季的内衣产品，面料要求比较轻薄，设计要求印花与花边搭配，款式上要求有设计感；消费年龄层在16～23岁，追求舒适自然的年轻女孩。

（2）产品结构：三件文胸、三条内裤。

文胸杯型：3/4模杯款（厚模杯）B、C杯，尺码65-80；

1/2杯背心款（夹棉）A、B杯，尺码65-80；

3/4模杯款（薄模杯）B、C杯，尺码65-80。

内裤款：中高腰三角裤；

低腰三角裤；

平脚裤（全花边款）。

（3）物料：面料采用印花面料与弹力花边的搭配。如图5-5所示。

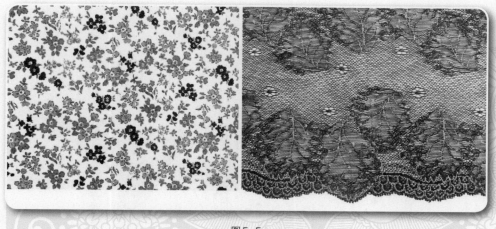

图5-5

（4）产品颜色：撞色（绿＋紫），详见设计图。

2. 设计效果图与设计说明

色彩上舒适自然，返璞归真。撞色的搭配与印花花型的色彩相呼应。

（1）3/4模杯款＋中高腰三角裤。如图5-6所示。

图5-6

（2）1/2杯背心款＋低腰三角裤。如图5-7所示。

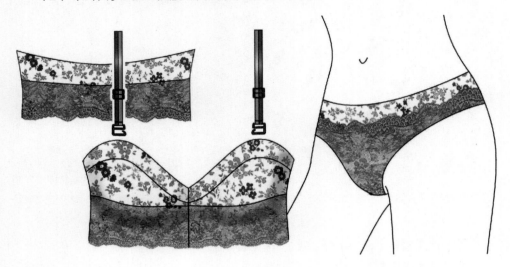

图5-7

（3）3/4模杯款（薄模杯）＋平脚裤（全花边款）。如图5-8所示。

图5-8

整体搭配，如图5-9所示。

图5-9

3. 工艺说明

（1）款式以常规工艺操作。

（2）文胸款的背扣宽均为3.2cm。

（3）3/4模杯款（薄模杯），后比为直比。

三、婚庆系列

1. 选料与构思

（1）季节与要求：秋冬季的内衣产品，由于文胸罩杯的面料需要压模，面料要求比较厚。春节前售买，颜色要求有节假日的喜庆。消费年龄层在28～45岁，成熟追求品质的时尚女性。

（2）产品结构：三件文胸、三条内裤、一件睡衣。

文胸杯型：3/4杯（夹棉）C杯，尺码70-85；

3/4模杯（厚杯模）A、B杯，尺码70-85；

全罩杯款（薄款单层）C、D杯，尺码75-85。

内裤款：中低腰三角裤；

中腰三角裤；

低腰三角裤。

（3）物料：面料采用有光泽的弹力双弹布＋精编花边。花边如图5-10所示。

图5-10

（4）产品颜色：单色（大红、黑色）。

2．设计效果图与设计说明

中国新年传统色，如节假婚庆及本命年的必须产品。

（1）3/4杯（夹棉）＋中低腰三角裤；3/4模杯＋中腰三角裤。如图5-11所示。

图5-11

（2）睡衣：全罩杯款＋低腰三角裤。如图5-12所示。

图5-12

整体搭配，如图5-13所示。

图5-13

3. 工艺说明

（1）款式以常规工艺操作。

（2）3/4杯（夹棉）款的背扣宽均为3.2cm；后比为U字比。

3/4模杯（厚杯模）后比为直比，背扣宽3.cm。

全罩杯款的后比为U字比，背扣宽5.5cm。

（3）3/4模杯（厚杯模），光杯的工艺为隐型，模杯选择钢圈压在模杯海绵里的工艺（成品模杯）。

（4）睡衣前后幅的分割线在侧骨，后幅为一整片裁片。

四、泳衣系列

1. 选料与构思

（1）设计要求：性感靓丽，充分展现出女性美。消费年龄层在25～40岁，热爱生活，喜欢展现自我的时尚女性。

（2）产品结构：连体泳衣、上下分体泳衣、单肩泳衣。

（3）物料：面料采用印花面料与弹力大网孔网眼搭配。印花面料如图5-14所示。

图5-14

（4）颜色：撞色（黑色+印花），做两个色，详见设计图。

2. 设计效果图与设计说明

（1）连体泳衣，如图5-15所示。

图 5-15

（2）上下分体泳衣，如图5-16所示。

图 5-16

（3）单肩泳衣，如图5-17所示。

图5-17

整体效果，如图5-18所示。

图5-18

配色，如图5-19所示。

图5-19

3.工艺说明

（1）连体泳衣的夹弯与领口；上下分体泳衣上衣的底摆及裤子腰头均为坎车包边的工艺。

（2）单肩式泳衣右肩带为可拆卸式。

（3）除上下分体泳衣裤子脚口为坎车压线（三线坎）不落丈根外，其他几个款坎为坎车落丈根。

（4）挂脖带及肩带坎为原身布包丈根。